無料で使える デザインツール

Adobe Express
start book
スタートブック

著/ぷらいまり。

技術評論社

本書をお読みになる前に

● 本書に記載された内容は、情報の提供のみを目的としています。したがって、本書を用いた運用は、必ずお客様自身の責任と判断によって行ってください。ソフトウェアの操作や掲載されているプログラム等の実行結果など、これらの運用の結果について、技術評論社および著者、サービス提供者はいかなる責任も負いません。

● 本書記載の情報は、2024年9月のものを掲載しています。ご利用時には変更されている場合もあります。Adobe ExpressはWebサービスによるデザイン制作ツールです。Webサービスはバージョンアップされる場合があり、本書での説明とは機能内容や画面図などが異なってしまうこともあり得ます。画面等が異なることを理由とする、本書の返本、交換および返金には応じられませんので、あらかじめご了承ください。

以上の注意事項をご承諾いただいた上で、本書をご利用願います。これらの注意事項をお読みいただかずにお問い合わせいただいても、技術評論社および著者、サービス提供者は対処しかねます。あらかじめ、ご承知おきください。

■本文中の会社名、製品名は各社の商標、登録商標です。また、本文中ではTMや®などの表記を省略しています。

はじめに

　デザインの経験がないけれど、個人のSNSをもっと魅力的に見せたい、お店のテイストにあった広告を作りたい、仕事の資料をもっとスタイリッシュに見せたい…なんて思ったことはありませんか？

　私自身も、SNSで発信を行う際などに「どうしたらもっと魅力的に見せられるだろうか？」と悩んでいた一人です。そんな中、デザインの知識がなくても、簡単にプロフェッショナルなデザインを作れるツール、Adobe Expressと出会いました。

　Adobe Expressは、誰でも直感的に操作できるシンプルなインターフェースを持ちながら、豊富なテンプレートや素材を使って、自分らしいデザインを簡単に作ることができます。さらに、多くの機能や素材を無料で使用できるのも魅力です。

　この本では、これからAdobe Expressを使ってみたい方に向けて、基本的な使い方から、SNSでの活用方法まで、わかりやすく解説しています。複雑な専門知識は必要なく、短時間で誰でもすぐに実践できる内容となっています。

　Adobe Expressを活用して、デザインをもっと身近で頼りになる存在として楽しみながら、あなたの強みの１つにしていきましょう。

　　　　　　　　　　　　　　　　　　　2024年9月　ぷらいまり。

本書の使い方

本書は、Adobe Expressの使い方を解説した書籍です。
本書の各セクションでは、画面を使った操作の手順を追うだけで、
Adobe Expressの各機能の使い方がわかるようになっています。
操作の流れに番号を付けて示すことで、操作手順を追いやすくしてあります。

リンク一覧の利用方法

作業ファイルはダウンロードできない

Adobe ExpressはPC用のWebアプリケーションとスマートフォン用のモバイルアプリケーションで利用できるデザインツールです。すべてインターネット上でデザイン制作が完結します。そのため、ほかのAdobe製品のように、専用の作業ファイル（たとえばPhotoshopならPSDファイル）は存在しません。

デザイン制作の作業リンクの公開

本書では、解説内容を体験学習していただくため、著者がデザイン制作を行ったAdobe Expressの作業用リンクを公開します。以下のURLにアクセスしてください。すると、本書で解説した各Chapterの各Sectionに対応したリンクの一覧が表示されます。この際、Adobe Expressにログインしていない場合、ご自身のAdobeアカウントでログインしておきます。

```
https://gihyo.jp/book/2024/978-4-297-14496-8/support
```

表示されたリンクの一覧をクリックすると、右図のようにAdobe Expressが開きます。右上に表示される「編集」をクリックすると、本書の該当Sectionで解説しているデザインが表示され、各自で編集できるようになります。なお、操作前／操作後など、ファイル内に複数ページが存在するリンクもあります。

編集操作ができない場合、自身の「マイファイル」から再度ファイルを開き直してください。また、リンク先が動画編集の場合、編集操作までに時間がかかるのでご注意ください。

すべての作業内容を公開しているわけではない

画像や動画などの素材の権利関係により、本書のSectionで解説している作業すべてのリンクを公開しているわけではありません。この点について、ご了承ください。
また、SNSとの連携方法など、Adobe Expressでのデザイン制作ではないSectionについてもリンクはありません。

二次転用の禁止

読者の個人的な学習目的以外での、上述したリンクの利用を禁止します。
リンクを転用したり、公開したりすることを禁止します。

以上の注意事項をご承諾いただいた上で、リンク集をご利用願います。これらの注意事項に関する理由にもとづく、返金、返本を含む、あらゆる対処を、技術評論社および著者は行いません。あらかじめ、ご承知おきください。

目次

はじめに		003
本書の使い方		004
リンク一覧の利用方法		005

Chapter 1　Adobe Expressを始めよう

Section	01	Adobe Expressでできることを知ろう	014
Section	02	Adobeアカウントを作成しよう	016
Section	03	ログイン／ログアウトしよう	018

Chapter 2　基本操作をマスターしよう

Section	01	新規ファイルを作成／保存しよう	024
Section	02	画面構成を知ろう	030
Section	03	オブジェクトを配置／移動しよう	032
Section	04	操作の取り消し／やり直しをしよう	034
Section	05	オブジェクトの配置を整えよう	036
Section	06	基本操作を組み合わせて画像を作ろう	040
Section	07	作成したデザインをダウンロードしよう	050

Chapter 3　レイヤー操作をマスターしよう

Section	01	レイヤースタックについて知ろう	056
Section	02	オブジェクトを配置してレイヤースタックを作成しよう	058
Section	03	レイヤースタックの表示／非表示を切り替えよう	062
Section	04	レイヤーの順序を入れ替えよう	064
Section	05	レイヤーをロックしよう	066

Section 06	複数のオブジェクトを整列させよう	068
Section 07	複数のオブジェクトを1つのレイヤーにまとめよう	070
Section 08	配色を設定して雰囲気を統一しよう	074
Section 09	背景のレイヤーを設定しよう	076

Chapter 4 テキスト操作をマスターしよう

Section 01	文字を入力しよう	082
Section 02	文字サイズ／フォントを変更しよう	084
Section 03	文字に書式を設定しよう（太字／斜体／下線）	088
Section 04	テキストをリストに変換しよう	090
Section 05	行揃え／文字間隔／行間を変更しよう	092
Section 06	文字を変形／反転させよう	094
Section 07	文字の色／不透明度を変更しよう	096
Section 08	文字に輪郭を付けよう	098
Section 09	文字にテクスチャを設定しよう	100
Section 10	文字に影や光彩を設定しよう	104
Section 11	文字にフレームを設定しよう	106
Section 12	テキストテンプレートから編集しよう	108
Section 13	文字にアニメーションを設定しよう	112

Chapter 5 画像編集をマスターしよう

Section 01	画像を取り込もう	118
Section 02	画像の色調／ぼかしを調整しよう	120
Section 03	透明度を設定しよう	124
Section 04	フィルター効果を適用しよう	126
Section 05	さまざまな形に切り抜こう	128
Section 06	画像の背景を削除しよう	130
Section 07	AIを使った画像の生成／置換を行おう	132

Section 08	さまざまな「素材」を追加しよう	136
Section 09	「グリッド」に写真を配置しよう	138
Section 10	テンプレートを活用しよう	142
Section 11	アニメーションを設定しよう	146

Chapter 6 動画編集をマスターしよう

Section 01	動画を取り込もう	152
Section 02	タイムラインを編集しよう	154
Section 03	さまざまな形に切り抜こう	158
Section 04	速度を調整しよう	160
Section 05	テキストや素材を追加しよう	162
Section 06	オブジェクトの表示タイミングを調整しよう	166
Section 07	BGM／ナレーションを設定しよう	168
Section 08	動画の色調を編集しよう	174
Section 09	動画を書き出そう	176
Section 10	テンプレートを活用しよう	178

Chapter 7 YouTubeでAdobe Expressを活用しよう

Section 01	YouTube用の動画を作ろう	184
Section 02	YouTubeのサムネイルを作ろう	188
Section 03	YouTubeに動画を投稿しよう	192
Section 04	YouTubeショート用の動画を作ろう	194
Section 05	YouTube用のバナーを作ろう	196
Section 06	YouTube用のプロフィール画像を作ろう	202

Chapter 8　InstagramでAdobe Expressを活用しよう

Section 01	Instagramフィード投稿用の画像を作ろう	210
Section 02	Instagramカルーセル用の画像を作ろう	214
Section 03	画像をダウンロードしてInstagramに投稿しよう	220
Section 04	Adobe ExpressとInstagramの連携の準備をしよう	222
Section 05	Adobe ExpressとInstagramを連携しよう	228
Section 06	Adobe ExpressからInstagramに投稿しよう	230
Section 07	Instagramのプロフィール画像を設定しよう	232
Section 08	Instagramストーリーズ用の画像／動画を作ろう	236
Section 09	Instagramリール用の動画を作ろう	240

Chapter 9　そのほかのSNSでAdobe Expressを活用しよう

Section 01	TikTokでAdobe Expressを活用しよう	246
Section 02	XでAdobe Expressを活用しよう	250
Section 03	FacebookでAdobe Expressを活用しよう	258
Section 04	LINEでAdobe Expressを活用しよう	266
Section 05	複数のSNSへ一度に投稿しよう	272

Chapter 10　チラシやポスターを制作しよう

Section 01	チラシ／ポスターを作ろう	278
Section 02	パンフレットを作ろう	280
Section 03	プレゼンテーションを作ろう	282
Section 04	名刺を作ろう	286
Section 05	ドキュメントのサイズを変更しよう	288

Chapter 11 クイックアクションを使いこなそう

Section 01　背景を削除しよう　298
Section 02　画像のサイズを変更しよう　300
Section 03　画像をトリミングしよう　302
Section 04　ロゴメーカーでロゴを作ろう　304
Section 05　生成AIでテキストから画像を生成しよう　308
Section 06　生成AIでテキストにテクスチャを生成しよう　310
Section 07　PDF関連のクイックアクションを使いこなそう　312
Section 08　字幕を自動生成しよう　320
Section 09　動画のサイズを変更しよう　322
Section 10　動画をトリミングしよう　324
Section 11　動画を結合しよう　326
Section 12　動画を切り抜こう　328
Section 13　画像や動画のフォーマットを変換しよう　330
Section 14　QRコードを生成しよう　332

索引　334

Chapter

1

Adobe Expressを始めよう

Adobe Expressではどのようなことができるのかを学びましょう。また、Adobeアカウントを作成し、ログイン／ログアウトを行います。

Adobe Expressを始める準備をしよう

Adobe Expressでできること

Adobe Expressは、オンラインで使用できるデザインツールです。写真／動画の編集やグラフィックデザインをかんたんに行うことができます。
テンプレートも豊富に用意されており、経験がなくてもクオリティの高いデザインを作成できます。
作成したデザインは、SNSに投稿したり、ダウンロードしてプリントアウトしたりして使用することができます。また、多くの機能は無料で使用できるのも特徴です。

画像や動画の編集ができて、テンプレートを利用することもできる

画像の編集　　　　　　　　　　動画の編集　　　　　　　　　　テンプレートの例

アカウント登録を行い、ログイン／ログアウトする

オンラインツールであるAdobe Expressを使用するためには、Adobeアカウントが必要です。すでにAdobeアカウントを所有している方は、既存のアカウントにログインすることでAdobe Expressを使用できるようになります。Adobeアカウントを保有していない方は、会員登録を行いましょう。
メールアドレスでの登録のほか、ソーシャルアカウント（Google、Facebook、Apple、Microsoft、LINE）で登録することも可能です。

Adobeアカウントを登録してAdobe Expressを利用する

複数のログイン方法

Adobe Expressホーム画面

PCとスマートフォンで活用できる

Adobe Expressは、PCではブラウザから、スマートフォンではアプリから使用できます。
同じAdobeアカウントを使用すれば、PCとスマートフォンで同じファイルを共有し、編集することも可能です。PCのブラウザ画面とスマートフォンの小さな画面、それぞれに適したインターフェースになっています。

同じAdobeアカウントを利用することでPCでもスマートフォンでも使うことができる

PCブラウザ版

スマートフォンアプリ版

Section 01

Adobe Expressでできることを知ろう

Adobe Expressを使うとどんなことができるのか、まずは基本的な機能を確認しましょう。

Adobe Expressとは？

Adobe Expressは、Adobeが提供するオンラインデザインツールです。デザインの経験が少ない人や、画像／動画編集ソフトの使用経験が少ない人でも、直感的に使えるように設計されています。

基本的に無料で利用できる

Adobe Expressは、基本的な機能を無料で利用できます。
有料プランの「プレミアム」も用意されており、有料プランにアップグレードするとすべての機能を使用できるようになります。有料のプランには、👑という王冠のマークが表示されます。
本書では、無料プランでできること中心に解説します。

王冠のマークがある機能／素材以外は無料で使用可能

グラフィックデザイン

写真やイラスト、テキストを使ったグラフィックデザインを制作できます。

機能	内容
SNS用画像の作成	FacebookやInstagram、TwitterなどのSNSに適した画像やバナーをデザインできます。
ポスター／フライヤーの作成	イベントやキャンペーンのポスターやフライヤーをデザインできます。
ロゴデザイン	ビジネスやプロジェクトのロゴをかんたんに作成できます。

印刷物からSNS用画像まで、グラフィックのデザインが可能

動画の作成／編集

ビデオクリップを編集して、かんたんにプロフェッショナルなビデオを制作できます。

機能	内容
クリップの編集	ビデオクリップのトリミングや並べ替えができます。
テキストの追加	キャプションやタイトルを追加できます。
音楽の追加	音楽を追加することができます。Adobe Expressには、無料で使用できる音楽ライブラリも含まれています。

動画を編集し、テキストや音楽を追加することも可能

テンプレートの利用

豊富なテンプレートが用意されており、目的に合ったデザインをかんたんに制作できます。

機能	内容
カテゴリ別のテンプレート	さまざまなカテゴリのテンプレートが揃っています。
カスタマイズ可能	テンプレートを選び、テキストや画像を目的に合わせてアレンジできます。

SNSやドキュメントに合った各種テンプレート

Section
02

Adobeアカウントを作成しよう

Adobe Expressを利用するためにはAdobeアカウントが必要です。
Adobeアカウントは、Adobe Expressに限らず、Adobeのすべてのサービスに紐づきます。

Adobeアカウントを作成する

ブラウザでAdobe Expressの公式サイト（https://www.adobe.com/jp/express/）にアクセスします❶。

❶サイトにアクセス

画面上部にある「Adobe Expressを無料ではじめる」をクリックします❷。

❷クリック

③ 「ログイン」の画面が表示されます。Adobeアカウントを取得済みの場合、ログインします。
Adobeアカウントを持っていない場合は、「アカウントを作成」をクリックします❸。

④ メールアドレス、Googleアカウント、LINEアカウント、Apple IDなどを使用してAdobeアカウントの作成が可能です。今回はメールアドレスで登録する方法を説明します。メールアドレスとパスワードを入力し❹、「続行」をクリックします❺。

⑤ 個人情報を入力し❻、「アカウントを作成」をクリックします❼。アカウントが作成され、Adobeからメールが送信されます。リンクをクリックしたら、Adobeアカウントの登録は完了です。

Section 03

ログイン／ログアウトしよう

一度ログインすると、基本的にはログインが保持された状態になります。
ログイン／ログアウトの方法を知っておきましょう。

Adobeアカウントでログインする

① ブラウザでAdobe Expressの公式サイト（https://www.adobe.com/jp/express/）にアクセスします❶。

❶サイトにアクセス

② 画面上部にある「ログイン」をクリックします❷。

❷クリック

③ 「ログイン」の画面が表示されるので、登録したAdobeアカウントでログインします❸。

④ ログインすると、Adobe Expressのホームのページが表示されます❹。

Adobeアカウントをログアウトする

① Adobe Expressのホームのページ右上にある丸いアイコンをクリックし❶、表示されるメニューから「ログアウト」をクリックします❷。

② ログアウトすると❸、ログイン画面が表示されます。

COLUMN

スマートフォンでの利用

Adobe Expressは、ブラウザでの利用のほかスマートフォン向けのアプリも用意されています。iOSおよびAndroid用のアプリが提供されており、App StoreやGoogle Playからダウンロードできます。ブラウザ版とスマホアプリ版では次のような特徴があります。

共通の機能

機能	内容
テンプレートの使用	豊富なテンプレートを利用できます。
グラフィックデザイン	SNS向けの画像、フライヤー、ポスターなどを制作できます。
画像編集	写真やイラスト、テキストなどの編集ができます。
ビデオ編集	ビデオクリップの編集、テキストや音楽の追加が可能です。
保存と共有	デザインをダウンロードできるほか、共通のクラウドストレージでの保存が可能です。同じファイルをブラウザとスマホアプリの両方で編集することができます。

スマホアプリ版の特徴

機能	内容
モバイルフレンドリーなインターフェース	スマホのタッチ操作に最適化されたインターフェースで、かんたんにデザインを編集できます。
カメラと写真ライブラリの利用	スマホのカメラで撮影した写真や、フォトライブラリ内の画像を直接取り込んでデザインに使用できます。

ブラウザ版の特徴

機能	内容
大画面での作業	パソコンの大画面でより詳細な編集やデザインが可能です。
高性能な編集機能	一部の機能はブラウザ版からのみ使用可能です。より高度な編集機能や細かな調整が可能です。
ファイル管理	パソコン上のファイルを直接取り込んで編集できます。

基本的な機能は、ブラウザ版とスマホアプリ版で大きくは異なりません。本書では、PCブラウザ版の画面で解説します。

Chapter 2

基本操作を
マスターしよう

Adobe Expressの操作画面と基本の操作を確認しましょう。新規ファイルを作成して、画像やオブジェクトを挿入し、デザインを作ります。さらにSNSなどで使用できる形式のファイルに書き出す流れを体験しましょう。

ファイル作成や編集など基本の操作を身に付けよう

好きなカンバスサイズを指定してファイルを作成／保存できる

Adobe Expressには、SNSや印刷物など、さまざまな目的や用途に応じたカンバスサイズのプリセットが用意されています。カンバスサイズは任意に設定することができます。

作成したファイルはクラウドストレージ上に自動的に保存され、どこからでもアクセスして編集を続けられます。この章では、任意のサイズのカンバスを制作し、クラウドストレージ上で管理する方法を学びます。

任意のサイズのカンバスを作成し、オンラインストレージ上で管理できる

直感的な操作で画像／動画が編集できる

Adobe Expressのインターフェースは、直感的に理解しやすく設計されています。ドラッグ＆ドロップ操作で要素を配置したり、ドラッグ操作で画像のトリミングやサイズ変更を行ったりと、直感的に画像や動画の編集を始めることができます。

さらに、背景の削除や文字の装飾など、手作業で行うと時間のかかる作業もクリック操作だけで完了させることができ、プロフェッショナルな見た目のコンテンツを手軽に作成することが可能です。

移動や拡大／縮小、回転、トリミングなどは直感的に操作可能

移動

回転

トリミング

Adobe Express内の素材を組み合わせていくだけでデザインを作成できる

Adobe Expressでは、多数のテンプレート、写真、アイコン、フォントなどが用意されており、その多くは無料で使用できます。こうした要素を組み合わせることで、自分でデザイン素材を用意せずとも、デザインを作り上げることができます。この章では、さまざまな素材を組み合わせ、デザインを行う流れを体験しましょう。

写真やロゴ、デザイン素材、アイコンなど、さまざま素材を組み合わせてデザインできる

写真素材

ロゴや見出し

フレームやイラスト

アイコン

Section 01

新規ファイルを作成／保存しよう

Adobe Expressで編集を行うファイルには、素材を配置していく領域（カンバス）が必要です。
白紙のカンバスを作って保存しましょう。

新規ファイルを作成／保存する

① 白紙のカンバスのサイズを指定したファイルを作成し、クラウド上に保存します。ホーム画面の左側にある「＋」のアイコンをクリックします❶。

② 「新規作成」のパネルが開きます。「正方形」「横長」などの汎用的なサイズのプリセットが用意されています。
今回は、自分で設定してみましょう。「サイズを指定」をクリックします❷。

③ 幅、高さの値を入力します❸。
長さの単位を「px（ピクセル数）」「in（インチ）」「cm」「mm」から選択します❹。
今回は、YouTubeサムネイル画像を作成する想定で、1280×720pxに設定します。
値を入力後、「新規ファイルを作成」をクリックします❺。

④ 編集画面に移動し、指定したサイズの白紙のカンバスが作成されます❻。
作成されたファイルは自動的にクラウドストレージ上に保存されます。

⑤ 画面左上の「無題 - 0000年00月00日 00.00.00（日時）」という表示をクリックし、任意のファイル名を入力します❼。

をクリックすると、Adobe Expressのホーム画面に戻ります。

クラウドストレージから作成したファイルを開く

① クラウドストレージ上に保存されたファイルを確認します。
ホーム画面の左側にある「マイファイル」をクリックします❶。

② 「ファイル」のカテゴリに、先ほど作成したファイルが保存されています。
編集したいファイルをクリックします❷。

③ ファイルが開きます❸。
画面上部のファイル名の左側にある をクリックすると、1つ前の「マイファイル」の画面に戻ります。

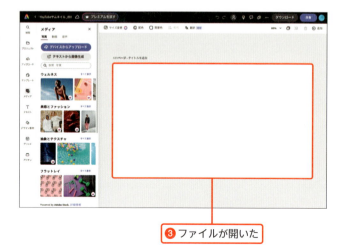

クラウドストレージ上にフォルダーを作成する

1 26ページの方法で、「マイファイル」の画面を表示します。
右上にある「新規作成」をクリックし❶、プルダウンメニューから「フォルダーを作成」をクリックします❷。

2 「新規フォルダーを作成」という画面が表示されるので、作成したいフォルダー名を入力し❸、「作成」をクリックします❹。

> 💡 フォルダー名を入力する際、正しく入力できなかった場合、29ページの方法で名前を変更できます。

3 「マイファイル」内に「フォルダー」というカテゴリができ、新しいフォルダーが作成されます❺。

ファイルをフォルダー内に移動する

① フォルダーに移動させたいファイルにカーソルを合わせ、表示された「…」をクリックします❶。メニューが表示されるので「移動」をクリックします❷。

② 移動先として「ファイル」の「>」をクリックすると、フォルダーとファイルの一覧が表示されます。移動したいフォルダーをクリックし❸、「移動」をクリックします❹。ファイルがフォルダー内に移動します。

✏️ ドラッグ＆ドロップでの移動も可能

ファイルをドラッグ＆ドロップすることで、直接フォルダーへ移動させることもできます。

ファイル名／フォルダー名を変更する

1 ファイルやフォルダーにカーソルを合わせ、表示された「…」をクリックします❶。メニューが表示されるので「名前を変更」をクリックします❷。

2 「名前を変更」という画面が表示されるので、新しいファイル名／フォルダー名を入力し❸、「保存」をクリックします❹。

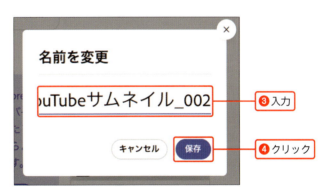

3 ファイル名／フォルダー名が変更されます❺。

Section 02

画面構成を知ろう

Adobe Expressで主に使用する画面は、「ホーム」と「編集」の2つです。
これら2つの画面の大まかな構成について確認しましょう。

「ホーム」画面の構成

位置	名称	内容
❶	メインメニュー	ファイルの新規作成や、作成したファイルへのアクセス、テンプレートの検索など、ファイルの作成／編集をスタートするためのメニューが集まっています。
❷	検索ボックス	自分で作成したファイルや、Adobe Express内のテンプレートなどを検索できます。
❸	新規ファイルメニュー類	SNSやドキュメントなど、作りたい対象からサイズやテンプレートなど、プリセットのファイルを選んで制作を開始できます。
❹	クイックファイルメニュー類	AIによる画像生成や、背景の削除など、特定の画像処理を行いたい場合に便利なアクションメニューがまとめられています。
❺	テンプレート類	テンプレート類がまとめられています。
❻	最近の作成	自分で作成したファイルに素早くアクセスできます。

「編集」画面の構成

編集画面の構成は、画像を作成する場合も動画を作成する場合も、基本的に同じです。

位置	名称	内容
❶	ファイル名	開いているファイルの名前が表示されます。
❷	メインメニュー	「テンプレートの選択」や「デザイン素材の選択」といったアクションのメニューが大分類で表示されます。
❸	サブメニューパネル	❷のメインメニューで選択したアクションについての詳細なメニューや、❺の編集領域で選択しているオブジェクトに対してのアクションメニューが表示されます。
❹	トップバー	主にファイル全体の書式やデザインに関係するメニューが表示されます。
❺	編集領域	指定したサイズのカンバスが用意され、画像や動画といった制作中のファイルが表示されます。
❻	レイヤースタック	表示されているページに配置されたオブジェクトの配置順を表示されます。レイヤーについては、Chapter 3で詳しく説明します。
❼	タイムライン	動画を編集している場合、タイムラインが表示されます。

Section 03

オブジェクトを配置／移動しよう

デザインを制作していく上で基本となる、写真やデザイン素材などのオブジェクトを配置したり、移動したりといった操作をマスターしましょう。

Adobe Stockの写真をカンバス上に配置する

① 25ページで作成した新規ファイルに写真を取り込んでいきます。26ページの方法でファイルを開いた状態から始めます。
メインメニューから「メディア」をクリックします❶。
サブメニューパネルの「写真」タブを選択すると、複数の写真が表示されるので、取り込みたい写真をクリックします❷。

💡 今回は「動物とペット」のカテゴリから、猫の写真を選択しています。

② 選択した写真がカンバス上に配置されます❸。

💡 タイミングや環境によって、表示される写真は異なります。適宜、使いやすいものを選択してください。なお、💠 が表示されている素材は有料プランのみ使用できます。

❸ 写真が配置された

写真を移動する

① 移動したい写真をクリックして選択します❶。

❶クリックして選択

② 写真をドラッグすると移動します❷。

❷ドラッグして移動

カーソルキーで移動する

写真を選択した状態で、カーソルキー（キーボードの↑↓←→）を押すことで移動させることもできます。カーソルキーのみの場合は小幅ずつの移動、Shift +カーソルキーの場合は大きく移動するので、移動したい幅に合わせて使い分けましょう。

Section 04

操作の取り消し／やり直しをしよう

編集作業中に、操作を取り消して元の状態に戻したり、
一度取り消した操作をやり直したりできます。

操作を取り消す

① 33ページの操作で写真を移動したあとの状態から、移動前の状態に戻します。最上段のメニューバーにある⤺をクリックします❶。

② 写真の位置が移動前の状態に戻ります❷。

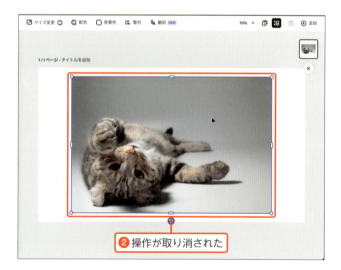

操作をやり直す

① 34ページの操作でいったん操作を取り消した状態から、元の状態に戻します。最上段のメニューバーにある ▶ をクリックします❶。

② 写真の位置が取り消し操作を行う前の状態に戻ります❷。

✏️ 作業履歴に関する操作のショートカットキー

メニューバーの ↶ と ↷ に代わり、キーボード上のショートカットキーでも同様な操作が可能です。

操作	ボタン	ショートカット
取り消す （一手順前の状態に戻す）	↶	Win：Ctrl + Z Mac：⌘ + Z
やり直す （一手順後の状態にする）	↷	Win：Ctrl + Shift + Z Mac：⌘ + Shift + Z

次のSectionでは、同じ写真を使ってさまざまな操作を行うので、適宜この方法で写真を最初の状態に戻しながら操作を試しください。

Section 05

オブジェクトの配置を整えよう

32ページの操作で配置した写真のサイズを変更したり、回転させたりといった、配置変更の基本操作を試してみましょう。

写真のサイズを変更する

① 移動したい写真をクリックして選択します❶。

が素材の四隅に表示されている場合、「切り抜き」操作になるので、一度対象の画像以外の場所をクリックしてから、サイズの変更を行ってください。

② 写真の角の部分にある〇印をドラッグします❷。
写真のアスペクト比は保ったまま、写真のサイズを変更できます。

写真を回転させる

 移動したい写真をクリックして選択します❶。

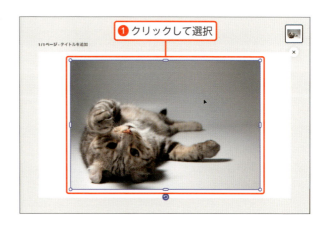

 写真下部に ◎（回転マーク）が表示されます。このマークを左右にドラッグすると、任意の角度に回転できます❷。

写真をトリミングする

 移動したい写真をクリックして選択します❶。

② 写真の上下左右の辺上に ◯（楕円印）が表示されています。このマークをドラッグするとトリミングされます❷。

写真を削除する

① 削除したい写真をクリックして選択します❶。

② キーボードで Delete キーを押すと、写真が削除されます❷。

写真を複製する

① 移動したい写真をクリックして選択します❶。

② キーボードで Ctrl + C キーを押して写真をコピーしたあと、キャンバスの任意の場所をクリックし、Ctrl + V キーを押してペーストすることで写真が複製されます❷。
なお、複製されたオブジェクトは複製元のオブジェクトと同じ位置に重なった状態で表示されます。図は、複製後に写真を移動させた状態です。

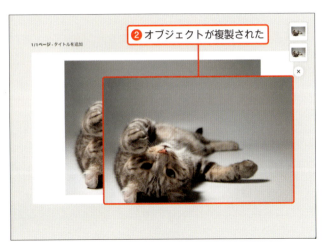

メニューから削除／複製を行う

写真を選択後、右クリックすると、メニューが表示されます。ここから「削除」や「複製」を選択して削除／複製を行うこともできます。

Section 06
基本操作を組み合わせて画像を作ろう

オブジェクトの基本の扱い方を理解したら、
さまざまなオブジェクトを配置して画像を作成してみましょう。

操作のフロー

操作のフローを次の図に示します。各手順については、以降のChapterで詳しく解説します。

ここでは手順通りに動かして、操作感を体験してみてください。

① 配色を設定する
② 背景色を変更する
③ 自分で用意した画像を配置する
④ Adobe Stockの写真からオブジェクトを抽出して配置する
⑤ テキストを挿入する
⑥ テキストに装飾を施す
⑦ デザイン素材を挿入する

配色を設定する

① 24ページの方法で新規ファイルを作成し、白紙のカンバスで作業を始めます。トップバーから「配色」をクリックします❶。

② サブメニューパネルからカラーテーマを選択します。

パネル内の検索タブにテーマをイメージするキーワードを入力して Enter キーを押すと、そのテーマに合ったカラーテーマが表示されます❷。作りたいイメージにあった組み合わせをクリックします❸。

> 今回は「パステルカラー」で検索したカラーテーマを設定しています。なお、検索ボックスに直前に入力した文字が残っている場合、ボックスの右にある×をクリックして文字を消去し、新たに検索するためのキーワードを入力します。

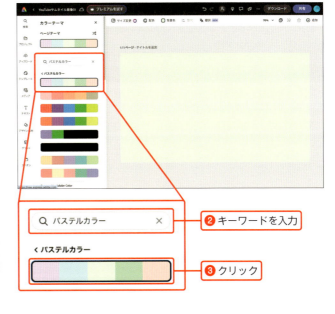

❷ キーワードを入力
❸ クリック

③ 選択したカラーテーマから背景色が自動的に設定されます❹。

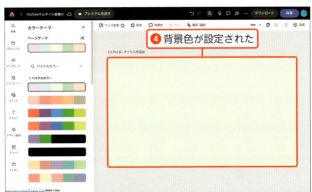

❹ 背景色が設定された

背景色を変更する

① トップバーから「背景色」をクリックします❶。

❶ クリック

041

② 「背景色」タブの下に色の選択パネルが表示されます。イメージに合った色をクリックします❷。

💡 背景色の「ページテーマ」には、最初に設定した配色に合った色が表示されます。

③ 選択パネル以外の領域をクリックすると、選択パネルが非表示になります。選択した背景色が設定されます❸。

自分で用意した画像を配置する

① 配置したい画像ファイルをカンバスの上にドラッグ＆ドロップします❶。

② 画像ファイルが配置されます❷。

③ 33ページや36ページの方法を参考に、任意のサイズに調整して配置します❸。

Adobe Stockの写真からオブジェクトを抽出して配置する

① メインメニューから「メディア」を選択し❶、挿入したいイメージを検索ボックスに入力して検索します❷。挿入したいイメージに近い画像をクリックすると❸、編集領域に画像が挿入されます。

> 今回は「カメラ 女性」で検索した画像を選択しています。

043

② 挿入した写真をクリックして選択します❹。

しばらく待つと、写真左上の (読み込み中マーク) が消え、サブメニューパネルに画像の編集メニューが表示されます。この中から「背景を削除」をクリックします❺。

③ 背景が削除され、人物やオブジェクトだけが抽出されます❻。

④ 33ページや36ページの方法で任意のサイズに調整して写真を配置します❼。

テキストを挿入する

① メインメニューから「テキスト」を選択し❶、「テキストを追加」ボタンをクリックします❷。

② 編集領域にテキストボックスが表示され、クリックするとテキストの編集ができるようになります。任意の文字列を入力します❸。

> 💡 今回は「初心者でも簡単！ enter 「桜」の撮影テク enter 3ポイント解説」と入力しています。

③ 入力したテキストボックスの縁をクリックすると❹、サブメニューパネルにテキストの編集メニューが表示されます。「フォント」の欄の ∨ をクリックして❺、イメージに合ったフォントを選択します。
テキストのフォントが変更されます。

045

④ 文字サイズを変更したい文字列を選択し❻、サブメニューパネルのフォントサイズに文字のサイズを入力します❼。

> 💡 今回は「初心者でも簡単」の行は56pt、「「桜」の撮影テク 3ポイント解説」は67ptに設定しています。

⑤ サブメニューパネルを下方にスクロールし、文字の色は「塗り」を❽、縁取りの色は「アウトライン」を、それぞれクリックし❾、任意の色を選択します❿。

> 💡 今回は「塗り」を白、「アウトライン」を黒に設定しています。

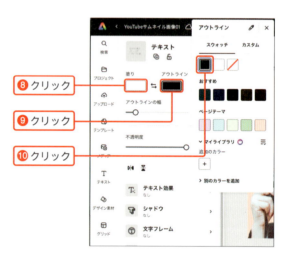

テキストに装飾を施す

① 「テキスト」のサブメニューパネルから「文字フレーム」をクリックします❶。

② サブメニューパネルの「装飾」カテゴリから、文字の装飾を選択してクリックすると❷、テキストに装飾が施されます❸。

今回は額縁風の装飾を選択しています。

③ 選択した装飾アイコンを再度クリックすると❹、装飾アイコンの下部に、色やサイズ、不透明度などの編集メニューが表示されます❺。

④ 「シェイプの色」をクリックします❻。色の候補が表示されるので、色を選択します❼。

今回は「おすすめ」カテゴリの色に設定しています。

⑤ 「シェイプのサイズ」のスライダを左右に動かし、装飾のサイズを変更します❽。

💡 今回はサイズが47になるように設定しています。

❽サイズを指定

⑥ 「シェイプの不透明度」のスライダを左右に動かし、不透明度を変更します❾。

💡 今回は不透明度が80%になるように設定しています。

❾不透明度を指定

⑦ ほかのオブジェクトと同様に、任意の場所に配置します❿。

💡 さまざまなオブジェクトが配置されると、オブジェクトをクリックしても、背景写真など意図しないものが選択されてしまうことがあります。選択されたオブジェクトはサブメニューパネルに「画像」や「アイコン」、「テキスト」などと表示されます。サブメニューパネルをよく見て、選択されたオブジェクトが何なのかを確認してください。

❿配置する

デザイン素材を挿入する

① メインメニューから「素材」を選択すると❶、サブメニューパネルにさまざまな素材が表示されます。
「デザイン素材」「背景」「シェイプ」「アイコン」のタブから、カテゴリを選択し❷、挿入するイメージをクリックします❸。

> 今回は「アイコン」タブの検索ボックスに「桜」と入力し、表示された素材から選択しています。

② 挿入したアイコンをクリックすると、サブメニューパネルにアイコンの編集メニューが表示されます。
「塗り」をクリックし❹、色を選択すると❺、アイコンの色が変更されます。

③ 33ページや36ページの方法を参考に、任意のサイズ／角度に調整し、配置して完成です❻。

> 今回は、同じオブジェクトを3つ挿入して配置しています。オブジェクトをクリックすると、「複製」のメニューが表示されます。「複製」をクリックすると、オブジェクトのコピーが配置されます。

Section 07
作成したデザインを ダウンロードしよう

49ページで作成したファイルを、JPGやPNG画像に変換してダウンロードしましょう。

編集ファイルを任意の形式(PNG、JPG、PDF)でダウンロードする

① 最上部の黒いバーにある「ダウンロード」ボタンをクリックします❶。

② 1つの編集ファイルに複数のページがある場合、ダウンロードするページを選択します❷。
なお、今回は、ファイル中に1ページしか作成していないため、この項目は表示されません。

メニュー名	内容
選択したページ	現在表示中のページのみをダウンロードします。
すべてのページ	同じファイル内のすべてのページをダウンロードします。

❷ どちらかを選択 (複数ページの場合)

③ 「ファイル形式」のプルダウンから、ダウンロードしたいファイル形式を指定します❸。今回は「PNG」を選択しています。

④ 「ダウンロード」のボタンをクリックします❹。

⑤ PCのダウンロードフォルダー内に指定した形式でファイルがダウンロードされます❺。

COLUMN

クラウドストレージの容量について

■プランによる使用可能なストレージ容量について

Adobe Expressで作成したファイルはクラウドストレージ内に自動保存されます。ここで使用可能なストレージの容量は、ほかのアプリケーションも含むAdobe Creative Crowdの契約状況によって異なります。ストレージプランだけをアップグレードすることも可能です。

	単体プラン			フォトプラン	コンプリートプラン
	Photoshop Premire Pro Premier Rush	Lightroom	その他の製品		
初期容量	100GB	1TB	100GB	購入時に選択 20GB 1TB	100GB
最大容量	最大10TBまで有償でアップグレード可能		100GB	最大10TBまで有償でアップグレード可能	

■使用中ストレージ容量の確認方法

自分のストレージ容量の総量と、使用中のストレージ容量は、「Creative Cloud アセットページ」から確認することができます。下記のURLにアクセスします。

https://assets.adobe.com/cloud-documents

表示されたページの左下に使用中のストレージ容量が表示されます。
また、使用中容量部分にカーソルを合わせると、「●●GB 中 ●●GB を使用中」と、自分のストレージの総量と、使用中の容量を確認できます。

Chapter 3

レイヤー操作を
マスターしよう

Adobe Expressで使用する「レイヤー」の概念と操作をマスターしましょう。レイヤーは、オブジェクトを配置する仮想の「層」のことです。レイヤーを操作してオブジェクトを組み合わせることで、表現の幅を広げられます。

レイヤーの概念を理解して、オブジェクトを自在に配置しよう

レイヤーはカンバス上の仮想の層

レイヤーは、Adobe Expressのカンバス上で使用される仮想の「層」です。これらの層を想像する際には、透明のシートが重なっているようなイメージを持つとよいでしょう。

Adobe Expressでは、各レイヤーにテキスト、画像、形状などのオブジェクトが1つずつ配置され、それらを重ね合わせることでデザインが作られます。

◻ 仮想の層の上にさまざまなオブジェクトを配置し、重ね合わせる（スタックする）ことでデザインを作成

レイヤーごとに編集を行ったり、順番を入れ替えたりすることができる

各レイヤーは独立して操作できます。たとえば、テキストレイヤーのフォントやサイズの変更、画像レイヤーのトリミングやサイズ変更、色調整などはレイヤーごとに独立して行えます。

また、レイヤーの順序を変更することで、オブジェクトの前後関係の調整も可能です。Adobe Expressでは、こうした編集や順序の入れ替えも、直感的に操作できるようになっています。

☐ レイヤーごとに編集を行ったり、レイヤーの順番を入れ替えたりできる

人物のレイヤーとブラシ画像のレイヤーを重ねた状態

レイヤーの前後を入れ替え

人物レイヤーの大きさだけを編集

レイヤーをグループ化することで、複雑なデザインも容易に操作可能

複数のレイヤーをグループ化すると、多くのオブジェクトを組み合わせた複雑なオブジェクトの編集作業を効率化することができます。
グループ化すると、複数のレイヤー（オブジェクト）を1つの単位として扱うことができるようになり、これらの要素を同時に移動、サイズ変更、回転することなどができます。
グループ内のレイヤー関係は保持されるため、デザインの整合性を保ちながら効率的に作業を進められます。

☐ 補正の範囲は「レイヤーマスク」を編集して変更することができる

画像やテキストなど、複数のオブジェクトをグループ化

画像の並び順や画像とテキストの比率などの整合性を崩さずに、移動や回転、拡大／縮小などの操作が可能

3 レイヤー操作をマスターしよう

Section 01

レイヤースタックについて知ろう

最初にレイヤーの概念について学びましょう。Adobe Expressでは、Adobeのほかのソフトウェアと比較しても、より直感的にレイヤーを扱えるようになっています。

レイヤーとは？

レイヤーは、オブジェクトが配置される仮想の「層」です。Adobe Expressにおいて、オブジェクト（画像やテキスト、動画など）はそれぞれ異なるレイヤー上に配置され、オブジェクトの前後関係（どのオブジェクトがより前面に表示されるか）をコントロールできます。

次の図のように、「背景レイヤー」の上に、「レイヤー①」、「レイヤー②」…と重ねていき、この一番手前から見た状態がカンバス上に表示されます。

各レイヤーは独立しているため、ほかのレイヤー上のオブジェクトに影響を与えることなく、各オブジェクトを編集（色の変更や移動、拡大／縮小など）することができます。

レイヤーの表示

レイヤーの状態は、カンバスの右手に「レイヤースタック」として表示されます。また、レイヤースタックの上方にあるレイヤーほど、前面に表示されます。

レイヤースタックで写真よりも上方にあるテキストレイヤーが、画面上で前面に表示される

Adobe Expressでのレイヤーとオブジェクトの関係

レイヤーは、Adobe PhotoshopやAdobe Illustratorなどのソフトウェアをすでに使ったことのある方にはお馴染みの概念ですが、Adobe Expressのレイヤーとオブジェクトの関係は、少しだけ異なります。
PhotoshopやIllustratorでは、新規のレイヤーを作成し、レイヤー上に複数のオブジェクトを配置していきます。

一方、Adobe Expressは、写真やデザイン素材、テキストなどのオブジェクトを配置すると、各オブジェクトが個別のレイヤー上に配置された状態になります。
PhotoshopやIllustratorなどの操作に慣れていると、違和感があるかもしれませんが、Adobe Expressでは「（空白の）新規レイヤー作成」という概念はありません。

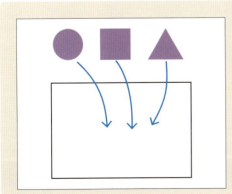

Photoshop／Illustratorなどではレイヤーに複数のオブジェクトを配置していく

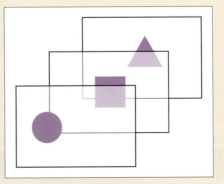

Adobe Expressでは各オブジェクトがレイヤー上に配置されている

Section 02

オブジェクトを配置して
レイヤースタックを作成しよう

レイヤーについて理解できたら、続いて基本の操作を学びましょう。
オブジェクトを配置してレイヤーを重ねたり、レイヤーを複製／削除したりする方法を学びます。

レイヤーを重ねる（オブジェクトを配置する）

① 今回は例として、画像、デザイン素材、文字の順にオブジェクトを配置したレイヤースタックを作成します。
24ページの方法で白紙のカンバスを用意します。
メインメニューで「メディア」を選択し❶、任意の写真をクリックすると❷、写真のレイヤーが作成されます❸。

今回は「人物」の画像を配置しています。

② メインメニューで「素材」を選択し❹、任意のデザイン素材をクリックすると❺、デザイン素材のレイヤーが作成されます❻。

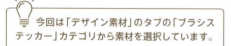
今回は「デザイン素材」のタブの「ブラシステッカー」カテゴリから素材を選択しています。

③ メインメニューで「テキスト」を選択し❼、任意のテキスト素材をクリックすると❽、テキストのレイヤーが作成されます❾。

> 💡 今回は「ロゴ」の素材を配置し、サイズと位置を調整しています。

④ 画面右側のレイヤースタックで、オブジェクトを配置した順にレイヤーが重ねられている（スタックされている）ことが確認できます❿。
レイヤースタックが表示されていない場合、63ページの方法で表示させます。

レイヤーを選択する

① カンバス上で、操作を行いたいレイヤー上のオブジェクトをクリックします❶。

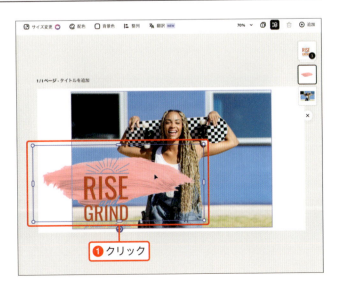

3 レイヤー操作をマスターしよう

059

② カンバス上で、そのレイヤー上にあるオブジェクトが選択された状態（太い線で囲まれた状態）になります②。

レイヤースタック上で選択することも可能

1つのレイヤーだけを選択したい場合、レイヤースタック上でオブジェクトをクリックすることでも、レイヤー（オブジェクト）を選択することができます。

レイヤーを削除する

① 削除したいレイヤーをクリックして選択します①。

② キーボードで Delete キーを押すと、選択したレイヤーが削除されます❷。

💡 選択したオブジェクトの上部に表示される「削除」をクリックしても削除できます。

レイヤーを複製する

① 複製したいレイヤーをクリックして選択します❶。

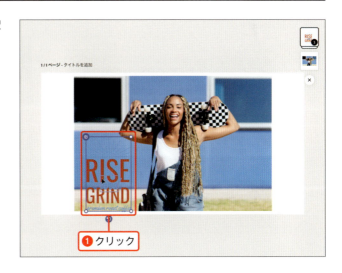

② オブジェクトの上部に表示されるメニューから「…」をクリックし❷、表示されるメニューから「複製」をクリックすると❸、レイヤーが複製されます。

💡 39ページの「写真を複製する」と同様に、レイヤー選択後の「Ctrl+C」キー、「Ctrl+V」キーの操作や、右クリックメニューから「複製」を選択することでも、複製を行うことができます。

061

Section 03
レイヤースタックの表示／非表示を切り替えよう

続いて、レイヤースタックの表示／非表示を切り替える方法を学びます。

レイヤースタックを非表示にする

① 作業中に作業スペースを最大化するためや、ビューを簡素化するために、一時的にレイヤースタックを非表示にすることができます。
レイヤースタックの下にある×(閉じる)をクリックします❶。

② レイヤースタックが非表示になります❷。

062

レイヤースタックを表示する

1 非表示にしたレイヤーを再度表示させます。トップバーの （レイヤー）をクリックします❶。

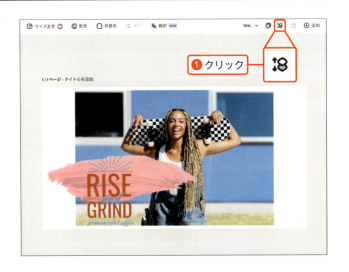

2 レイヤースタックが表示されます❷。

🖉 数字が表示されているレイヤーは？

テンプレートなどから引用した際、右下に数字が表示されたレイヤーが含まれることがあります。
これは、複数のレイヤーをまとめて1つのレイヤーとして扱っていることを表しています。詳しくは70ページで解説します。

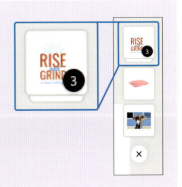

3 レイヤー操作をマスターしよう

063

Section 04

レイヤーの順序を入れ替えよう

新しいレイヤーを追加すると、最前面（レイヤースタックの最上段）に追加されていきます。
レイヤーの順序を入れ替えて見た目を調整しましょう。

レイヤーの順序による見え方の違い

ファイルはレイヤーを重ね合わせるようにしてできています。
レイヤースタックで上にあるほど、編集ファイル上では前面に、下にあるほど背面に配置されます。レイヤーの順序を入れ替えることで、重ね合わせの順序を入れ替えることができます。

ウサギのレイヤーが上の場合、ウサギが前面に配置される

花畑のレイヤーが上の場合、花畑が前面に配置される

レイヤーの順序を入れ替える

① レイヤーの順序を入れ替え、前面と背面の表示位置を変更することができます。レイヤースタックで、入れ替えたいレイヤーをクリックします ❶。

② レイヤースタックで、レイヤーを入れ替えたい位置にドラッグします❷。

③ レイヤースタックの順序が変更され、ファイル上の表示順序が変わります❸。

 カンバス上で移動させる

カンバス上で直接オブジェクトを選択し、表示順序を入れ換えることもできます。
表示順序を入れ替えたいオブジェクトを右クリックすると、メニューが表示されます。ここから、希望する表示の変更内容をクリックします。

メニュー名	機能
最前面へ	最前面に移動します。
前面へ	1レイヤー前面に移動します。
背面へ	1レイヤー背面に移動します。
最背面へ	最背面に移動します。

Section 05

レイヤーをロックしよう

レイヤーをロックすると、そのレイヤーを編集できない状態になります。誤ってレイヤーを移動させるなどのトラブルを避けることができます。ロックはいつでも解除できます。

レイヤーをロックする

① レイヤーをロックすると、誤って編集されるなどのトラブルを防ぐことができます。
ロックしたいレイヤーをクリックして選択します❶。

② オブジェクトの上部に表示されるメニューの「…」をクリックし❷、表示されるメニューから「ロック」をクリックします❸。

③ ロックしたレイヤーに鍵のマークが表示され、レイヤーがロックされます❹。
サブメニューパネルに「この画像はロックされています。」と表示され、編集ができなくなります。

レイヤーのロックを解除する

① ロックを解除したいレイヤーをクリックして選択します❶。

② サブメニューパネルの 🔒（ロック解除）をクリックします❷。
レイヤー上の鍵のマークが消え、編集できるようになります。

Section 06

複数のオブジェクトを整列させよう

オブジェクトを一定のルールで整列させること、デザインをすっきりと見せることができます。Adobe Expressでは、ワンクリックでかんたんに整列させることが可能です。

オブジェクトを整列させる

① キーボードの[Shift]キーを押したまま、カンバス上で整列させたい複数のオブジェクトをクリックしていきます❶。複数のオブジェクトの周囲に青い枠が表示され、複数のオブジェクトが選択された状態になります。

② トップバーから、「整列」をクリックし❷、表示される「整列」メニューから希望の整列ルールをクリックします❸。次の項目があります。

メニュー名	アイコン	機能
上揃え		一番上方にあるオブジェクトの上端に揃えます。
中央揃え		垂直方向（上下）の中央で揃えます。
下揃え		一番下方にあるオブジェクトの下端に揃えます。
左揃え		一番左にあるオブジェクトの左端に揃えます。
中央揃え		水平方向（左右）の中央で揃えます。
右揃え		一番右にあるオブジェクトの右端に揃えます。

③ 選択したルールに従ってオブジェクトが配置されます ❹ 。

💡 今回は「中央揃え(垂直)」で整列させています。

❹ オブジェクトが整列した

オブジェクトを等間隔に配置する

① キーボードの Shift キーを押したまま、カンバス上で等間隔に配置したい複数のオブジェクト(3つ以上)をクリックしていきます ❶ 。
複数のオブジェクトの周囲に青い枠が表示され、複数のオブジェクトが選択された状態になります。

❶ Shift を押したままクリック

② トップバーから、「整列」をクリックし ❷ 、表示される「配布」メニューから希望の整列ルールをクリックすると ❸ 、等間隔に配置されます。
次の項目があります。

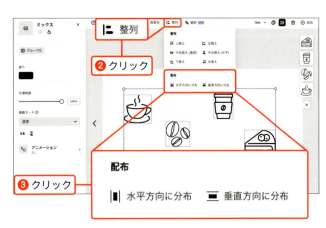

❷ クリック

❸ クリック

メニュー名	アイコン	機能
水平方向に分布	▮▮	選択したオブジェクトが水平方向(左から右へ)に均等な間隔で配置されます。もっとも左ともっとも右にあるオブジェクトを基準に、間にあるオブジェクトの間隔を等しく配置します。
垂直方向に分布	▬	選択したオブジェクトが垂直方向(上から下へ)に均等な間隔で配置されます。もっとも上ともっとも下にあるオブジェクトを基準に、間にあるオブジェクトの間隔を等しく配置します。

Section 07
複数のオブジェクトを1つのレイヤーにまとめよう

複数のオブジェクトを1つのレイヤーにまとめ、1つのオブジェクトのように扱う方法を学びます。レイヤーが増え、複雑なデザインになってきたときに便利な機能です。

グループ化とは?

グループ化について知るために、具体的な例を見てみましょう。

メインメニューの「テキスト」から、テキスト素材を1つ選択します(今回は、「ロゴ」から選択しています)。

右のロゴマークは、図形やテキストなど、複数のオブジェクトを組み合わせたものですが、1つの図形として移動したり、拡大縮小を行ったりすることができます。

このように、複数のオブジェクトを単一のオブジェクトとして扱えるよう、1つのレイヤーにまとめることを「グループ化」といいます。

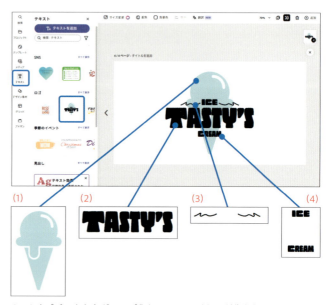

4つのオブジェクトをグループ化して1つのレイヤーが作られている

グループ化されたオブジェクトの表示

グループ化されたオブジェクトは、レイヤースタック上で1つのレイヤーのように表示されます。

単一のレイヤーと異なり、レイヤーの枠が二重になり、右下に「❹」のように、数字が表示されます。この数字は、グループの中に含まれるレイヤーの数を示します。

グループ化されたオブジェクトの詳細を確認する

① グループ化されたオブジェクトがどのようなレイヤーから成立しているかを確認することができます。
レイヤースタックから、内容を確認したいレイヤーをダブルクリックします❶。

② レイヤースタックに、グループ化されたオブジェクトの構造が表示されます❷。

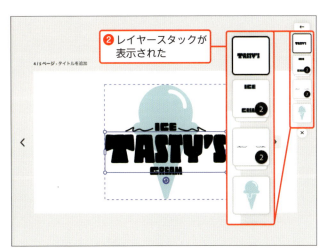

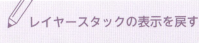

レイヤースタックの表示を戻す

レイヤースタックの上部にある「←」をクリックすると、元のグループ化した状態のレイヤースタックの表示に戻すことができます。

オブジェクトをグループ化する

① キーボードで Shift キーを押しながら、カンバス上でグループ化したいオブジェクトを順番にクリックします❶。

💡 Section 06（68ページ）と同じく、「デザイン素材」「アイコン」から4つのオブジェクトを配置したところから開始しています。

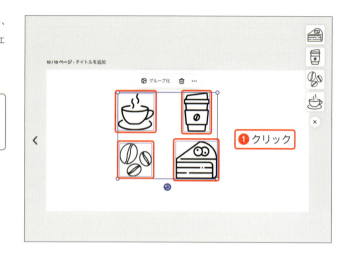

② 選択したオブジェクトの上部に表示される「グループ化」をクリックします❷。

③ オブジェクトがグループ化され、レイヤースタックにグループ化されたレイヤーとして表示されます❸。

グループ化を解除する

① グループ化を解除し、それぞれ別のオブジェクトとして操作できるようにしましょう。
グループ化を解除したいオブジェクトをクリックします❶。

② 選択したオブジェクトの上部に表示される「グループ解除」をクリックします❷。

③ グループ化が解除され、レイヤースタックに複数のレイヤーが表示されます❸。

Section 08

配色を設定して雰囲気を統一しよう

全体的な色の統一感があると引き締まったデザインに見えます。
すべてのレイヤーの色合いを統一してみましょう。

配色とは？

「配色」は、ファイル内の色の組み合わせを指します。選択したテーマに合わせ、背景、テキスト、図形などの各要素に適用される色を統一的に管理することができ、視覚的に調和のとれたデザインを作成できます。

たとえば、同じテンプレートの素材でも、配色のテーマを変更すると、次の図のようにまったく違った雰囲気に仕上げることができます。

「カラーテーマ」を切り替えるだけで、デザインの配色の組み合わせを変更できる
「テンプレート」→「Web Design Learning Facebook Post」と検索したテンプレートを使用

配色を変更する

 トップバーから「配色」をクリックします❶。

② サブメニューパネルに複数のカラーテーマが表示されます。
希望に近い色の組み合わせをクリックします❷。

≡ 各配色テーマの横にある「すべて表示>」をクリックすると、さらに多くの配色パターンを確認できます。

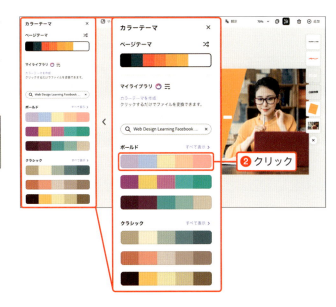

③ サブメニューパネル上部の「ページテーマ」が選択したテーマカラーに切り替わり、カンバスの背景色がページテーマのカラーの色に変更されます❸。

④ 設定されたページテーマの隣にある ⤨（シャッフル）をクリックすると❹、同じページテーマの配色で色がシャッフルされます❺。

Section 09

背景のレイヤーを設定しよう

背景の色は、デザイン全体を印象付ける重要な色です。
背景の色を設定／変更する方法を学びましょう。

背景レイヤーとは？

「背景レイヤー」は、デザインの最背面に位置する画像や色のことを指します。
全体の見た目や雰囲気を決定する重要な要素です。背景レイヤーによって、テキストやほかのオブジェクトを際立たせ、視覚的に魅力的なデザインを作成することができます。

Adobe Expressでは、単色の背景色を設定できるほか、写真やイラストなどの画像を背景レイヤーに設定することもできます。

背景の色を変更すると、左のデザインは落ち着いた雰囲気、右のデザインは可愛らしくポップな雰囲気と、全体の印象が変わる。「テンプレート」→「Brown Crumble Recipe YouTube Thumbnail」と検索したテンプレートを使用

背景色を変更する

 トップバーの「背景色」をクリックします❶。

② 「背景色」メニューが表示され、ページテーマに沿った色や、おすすめの色が表示されます。
背景に設定したい色をクリックします❷。

💡 「おすすめ」などに設定したい色がない場合、「別のカラーを追加」をクリックします。

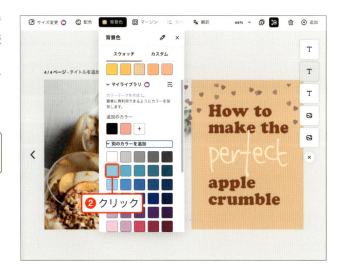

③ 背景が選択した色に変更されます❸。

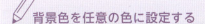

背景色を任意の色に設定する

「スウォッチ」タブに希望の背景色が表示されなかった場合、より細かく色を指定することも可能です。
「背景色」に表示されるメニューで「カスタム」のタブを選び、カラーチャート上から色を選択するか、カラーコードを入力します。

3 レイヤー操作をマスターしよう

077

レイヤーを背景に設定する

① レイヤーを背景に設定すると、そのレイヤーがカンバスを覆うサイズに拡大／縮小され、最背面に固定されます。
背景に設定したいレイヤーを選択します❶。

② サブメニューパネルの「ページ背景に設定」をクリックします❷。

③ レイヤーがカンバスを覆うサイズに拡大／縮小され、最背面に固定されます❸。
レイヤースタックでは、背景レイヤーに設定したレイヤーに「背景」のマークが表示されます。

Chapter 4

テキスト操作を
マスターしよう

テキストは、画像でも動画でも必要になることが多い素材です。Adobe Expressでは、テキストにもさまざまなエフェクトが用意されています。テンプレートも豊富なので、テキスト操作だけでも幅広いデザインを作ることができます。

 この章で学ぶこと

テキストの入力からロゴの制作まで、テキストの編集方法を身に付けよう

テキストはオブジェクトの一種として扱える

この章では、まず、テキストの基本的な扱い方を学びます。任意のテキストを入力し、フォントやサイズを変更することができます。
また、Adobe Expressでは、画像やシェイプなどと同様、テキストレイヤーも1つのオブジェクトのように扱うことができます。
フレームをドラッグすることによるサイズ変更や、角度の変更など、直感的に編集を行えます。

📄 テキストも、ほかのオブジェクトと同様、ドラッグによるサイズ変更や、回転などの編集が可能

テキストにさまざまな効果を加えてデザインを作れる

Adobe Expressでは、テキストにさまざまなテクスチャを与えたり、シャドウを付けたりできます。また、文字の周囲に装飾（フレーム）を付けるといった効果もかんたんに付与できます。
たとえば、メニューや式次第、名刺など、文字情報が中心になる場合、テキストの入力とそれぞれに効果を加えるだけでも、十分に個性のあるデザインを作成できます。

また、デザイン自体をモノクロームで制作しても、40ページで解説した「配色」を変更することで、全体の配色を変更することができます。全体的なまとまりは維持しつつも、雰囲気は大きく変更できるので、モノクロームで制作してみるのもよいでしょう。
この章では、例として、次のようなカフェのメニューを作ります。

◻ テキストツールだけで、左のようなメニューを作成できる。配色を選択するだけで、かんたんに雰囲気を変更することも可能

ロゴやポップもテンプレートからかんたんに編集可能

Adobe Expressには、テキストのテンプレートも多数用意されています。たとえば、ロゴマークや、季節のイベントに合わせたテキストとイラストの組み合わせ、ポップにしたときに目立つ個性的な書体の組み合わせなどです。
こうしたテンプレートからテキスト部分を編集したり、ほかのオブジェクトの色を変更したりすることで、かんたんに装飾的な文字情報を作成できます。

◻ テキストのテンプレートから、テキストを変更したり、ほかのオブジェクトの色を変更したりすることで、オリジナルのデザインが制作できる

Section 01

文字を入力しよう

カンバス上の好きな位置に任意の文字を入力することができます。

自由なテキストを追加する

① Chapter 4では、ファイルの「新規作成」で、「チラシ」の白紙カンバスを作成したところから始めます。
メインメニューから「テキスト」をクリックします❶。

② サブメニューパネルから「テキストを追加」をクリックします❷。

③ カンバス上にテキストボックスが表示されるので、テキストを入力します❸。

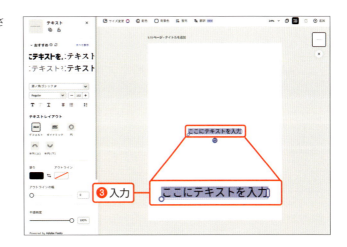

④ テキストボックス以外の場所をクリックすると、入力した文字が確定します❹。

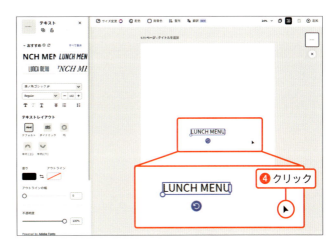

ダブルクリックで編集を再開

確定したテキストを修正したい場合、テキストボックスをダブルクリックすると編集状態になります。

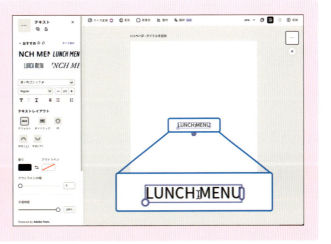

文字サイズ／フォントを変更しよう

文字のサイズ／フォントを変更しましょう。
Adobe Expressでは、デザインに合わせ、おすすめのフォントも推薦してくれます。

文字サイズを変更する

① 文字サイズを変更したいテキストをクリックして選択します❶。

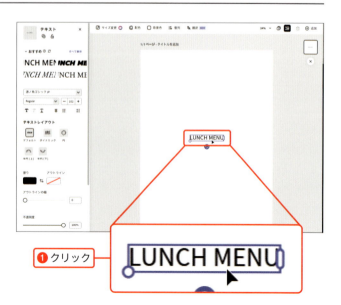

② サブメニューパネルの文字サイズの欄にサイズを入力して Enter キーを押します②。
数値の左右にある「＋」と「－」をクリックすることでも、数値を増減することができます。

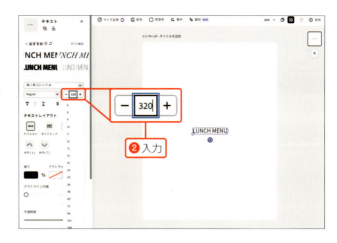

③ 指定したサイズに文字サイズが変更されます③。

四隅をドラッグすることでもサイズ変更可能

ほかのオブジェクトと同様に、テキストの四隅をドラッグすることでも文字のサイズを変更することができます。

フォントを変更する

① フォントを変更したいテキストをクリックして選択します❶。

② サブメニューパネルから、フォントのボックスにある ▼ をクリックし❷、任意のフォントを選択します❸。

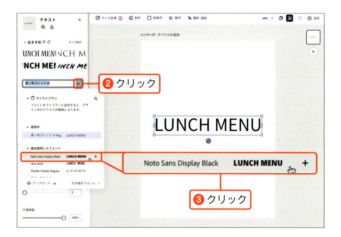

③ フォントが変更されます❹。

「おすすめ」のフォントを使用する

① Adobe Expressでは、作成しているデザインに応じて、おすすめのフォントを提示してくれます。
テキストを選択後、サブメニューパネルの「おすすめ」の隣にある「すべて表示」をクリックします❶。

② おすすめのフォントが一覧表示されるので、適用したいフォントをクリックします❷。

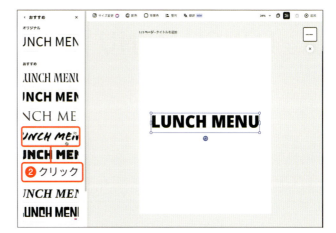

③ フォントが変更されます❸。

087

Section 03
文字に書式を設定しよう
（太字／斜体／下線）

文字を太字にしたり、下線を引いたりすることができます。

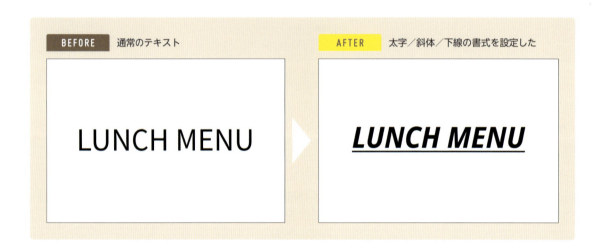

太字／斜体／下線を設定する

1 書式を設定したいテキストをクリックして選択し❶、サブメニューパネルから、「太字」「斜体」「下線」のボタンをクリックします❷。

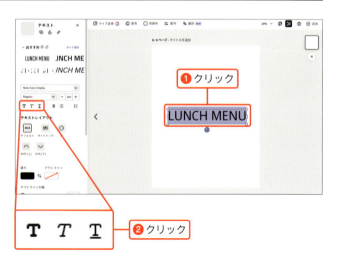

② 選択した書式が設定されます❸。
これらの効果は、複数選択することも可能です（書体によっては選択できないこともあります）。
各書式は、キーボードでショートカットから設定することもできます。

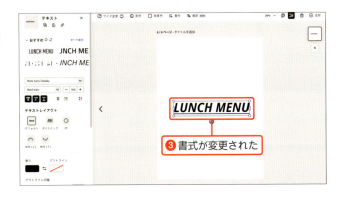

❸書式が変更された

書体	ボタン	適用後のイメージ	ショートカット
（適用前）		LUNCH MENU	
太字	T	**LUNCH MENU**	Win：Ctrl + B キー mac：⌘ + B キー
斜体	T	*LUNCH MENU*	Win：Ctrl + I キー mac：⌘ + I キー
下線	T	LUNCH MENU	Win：Ctrl + U キー mac：⌘ + U キー

ほかの書式を選択する

書体によっては、線の太さなどの書式をより細かく設定できます。
テキストを選択後、フォント種類の下にあるボックスの右の ∨ をクリックすると、「ファミリーのその他のフォント」として、複数の書式が提示されます。
ここから任意の書式を選択できます。

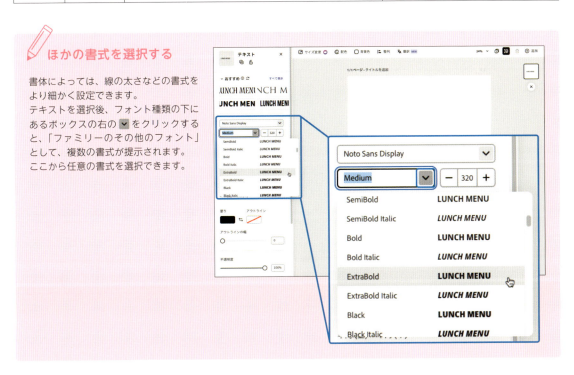

089

Section 04

テキストをリストに変換しよう

複数の項目を並べる際、「箇条書きリスト」「番号付きリスト」を設定することができます。

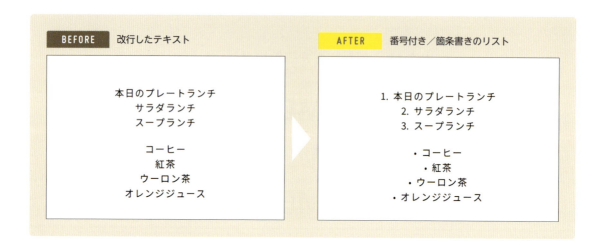

番号付きリストを作成する

① 「テキストを追加」で、リスト化したいテキストを Enter キーを押して改行して入力します❶。
リスト化したいテキストをクリックして選択し❷、サブメニューパネルの「箇条書き」ボタンを2回クリックします❸。
≡（箇条書き）ボタンはクリックするたびに次の状態に変化します。

アイコン	状態
≡	リストに設定されていません。
≡	箇条書きリストに設定されています。
≡	番号付きリストに設定されています。

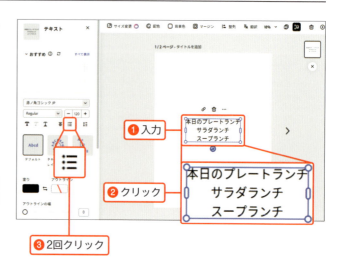

② 入力したテキストの項目前に「1.」「2.」という番号の付いた「番号付きリスト」が作成されます❹。

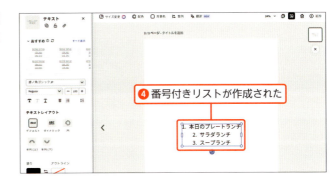

❹番号付きリストが作成された

箇条書きリストを作成する

① 同様に、リスト化したいテキストを Enter キーを押して改行して入力します❶。
リスト化したいテキストをクリックして選択し❷、サブメニューパネルの「箇条書き」ボタンをクリックします❸。

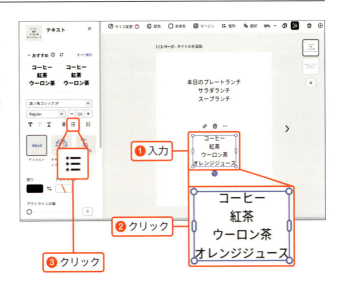

❶入力
❷クリック
❸クリック

② 入力したテキストの項目前に「・」が付いた「箇条書きリスト」が作成されます❹。

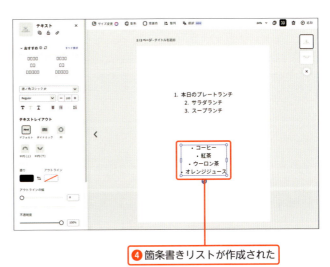

❹箇条書きリストが作成された

Section 05
行揃え／文字間隔／行間を変更しよう

文字を揃える方向や、文字と文字の間隔、行の間隔を変更することができます。

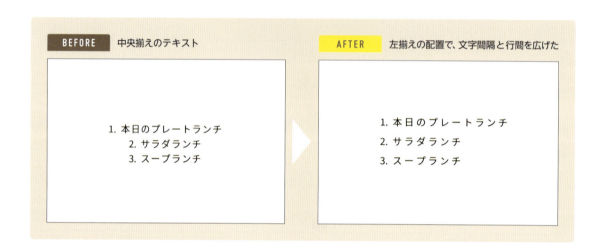

BEFORE 中央揃えのテキスト
AFTER 左揃えの配置で、文字間隔と行間を広げた

行揃えを変更する

1 行揃えを変更したいテキストをクリックしたあと、サブメニューパネルから「行揃え」をクリックします❶。
クリックするごとに、「中央揃え」→「右揃え」→「左揃え」の順に行揃えが変更されます❷。

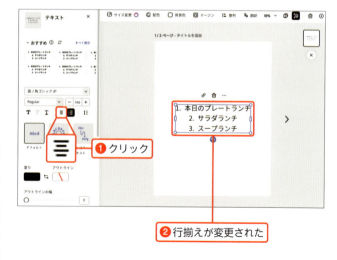

機能	アイコン	内容
左揃え	≡	テキストボックスの左端に文字が揃えられます。
中央揃え	≡	テキストボックスの中央に文字が揃えられます。
右揃え	≡	テキストボックスの右端に文字が揃えられます。

行間を変更する

1 改行したテキストの行間の広さを変更することができます。
行間を変更したいテキストをクリックして選択したあと❶、「文字間隔」のボタンをクリックします❷。

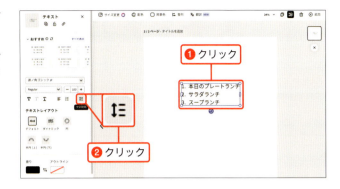

2 表示されたボックスで下方の「行間」のスライダをドラッグすると❸、行間が変化します❹。

💡 ボックスに直接数値を入力することでも行間を変更できます。

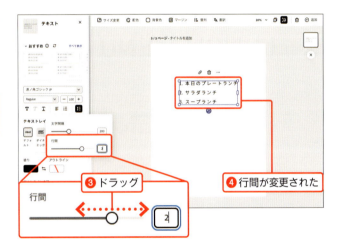

文字間隔を変更する

1 同様に、行内の1文字ずつの間隔を変更することもできます。
ボックスで上方の「文字間隔」のスライダを左右にドラッグすると❶、文字の間隔が変化します❷。

💡 ボックスに直接数値を入力することでも文字の間隔を変更できます。

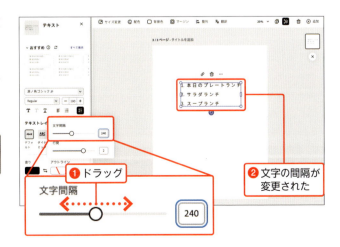

文字を変形／反転させよう

Adobe Expressでは、ワンクリックで文字を変形させたり反転させたりできます。

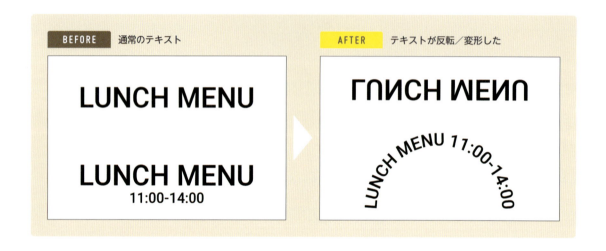

上下に反転させる

1 変形させたい文字をクリックして選択します❶。

2 サブメニューパネルから、■（上下に反転）をクリックすると❷、文字が上下に反転します❸。

💡 同様に ▶◀（左右に反転）をクリックすると、テキストが左右に反転します。

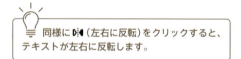

「テキストレイアウト」で文字を変形させる

① 変形させたい文字をクリックして選択し❶、サブメニューパネルから「テキストレイアウト」をクリックします❷。表示されるメニューから設定したいレイアウトをクリックします。
なお、テキストレイアウトには、次表の選択肢があります。

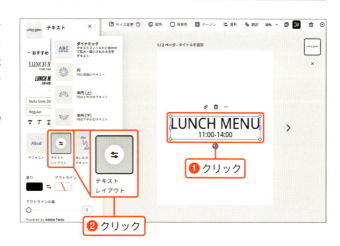

メニュー名	アイコン	内容	設定後のイメージ
デフォルト	Abcd	通常のテキストレイアウトです。	LUNCH MENU 11:00-14:00
ダイナミック	ABC DEFGHI	入力した各行がテキストボックスいっぱいに表示されます。	LUNCH MENU 11:00-14:00
円		円形に配置されます。改行は解除されます。	
半円（上）		上が凸の半円状に配置されます。改行は解除されます。	
半円（下）		下が凹の半円状に配置されます。改行は解除されます。	

② 変形させた文字は、フレーム上の○をドラッグすると❸サイズの調整が、フレーム外の○をドラッグすると❹角度の調整が、それぞれ可能です。

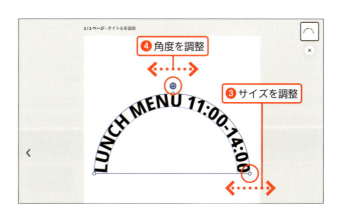

文字の色／不透明度を変更しよう

文字の色を変更したり、不透明度を変更したりすることができます。

文字の色を変更する

① 文字の色を変更したいテキストを選択し❶、サブメニューから「塗り」をクリックします❷。

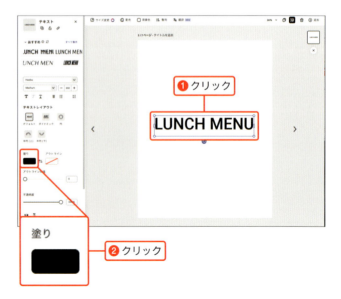

② 表示される「スウォッチ」や「カスタム」のタブから任意の色を選択します❸。文字の色が変更されます❹。

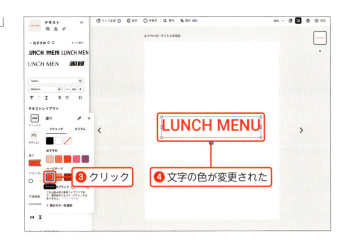

文字の不透明度を変更する

① 不透明度とは、その色が背景を透過する度合いを指します。不透明度100%のときは完全に不透明で、不透明度を下げると、背景の色やオブジェクトが透けてみえるようになります。
文字色を変更したいテキストを選択し❶、サブメニューパネルの「不透明度」の値をスライダで変更します❷。

💡 スライダ右側のテキストボックスに直接数値を入力することも変更できます。

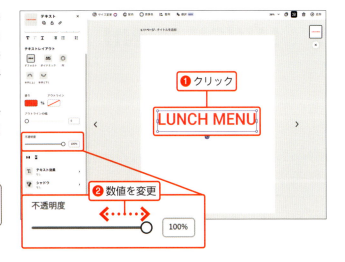

② 文字の不透明度が変更されます❸。

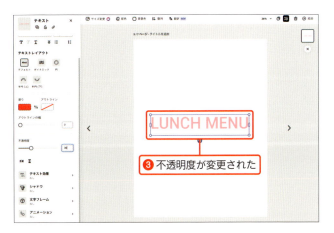

文字に輪郭を付けよう

文字を強調したい場合など、文字のまわりに輪郭を付けることができます。
輪郭線の太さや色も変更可能です。

文字に輪郭を付ける

1 輪郭を付けたい文字を選択し❶、サブメニューパネルから「アウトライン」をクリックします❷。

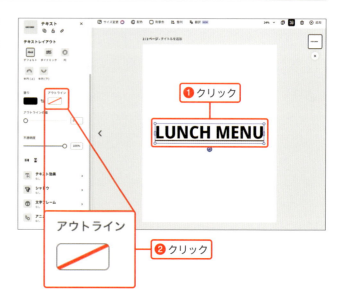

098

② 表示される「スウォッチ」や「カスタム」のタブから任意の色を選択します❸。指定した色で文字に輪郭が形成されます❹。

③ 「アウトラインの幅」のスライダをドラッグして❺、数値が変更されると、輪郭の幅が変化します❻。

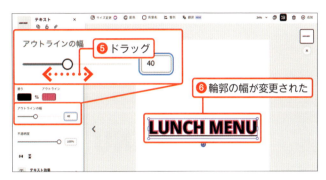

💡 直接数値を入力して変更することもできます。

文字の輪郭を削除する

① 設定した輪郭線を削除したい場合、アウトラインの色を再度クリックします❶。

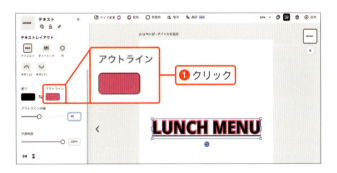

② 表示される「スウォッチ」のタブから「塗りつぶしなし」を選択すると❷、輪郭線が消えます❸。

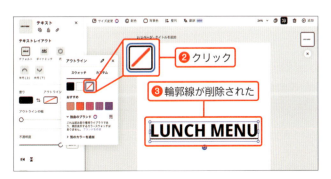

099

文字にテクスチャを設定しよう

テキストの色を変更するだけでなく、テクスチャを変更することもできます。
用意されたテクスチャだけでなく、テクスチャを生成して変更することもできます。

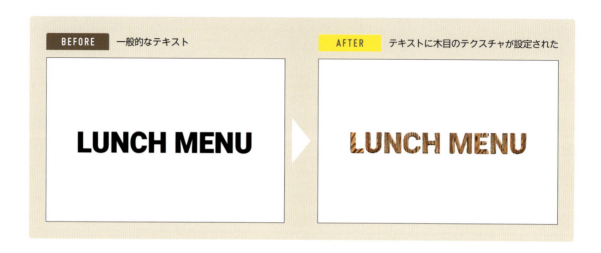

文字にテクスチャを設定する

1 テクスチャを変更したい文字をクリックして選択します❶。
サブメニューパネルから「テキスト効果を生成」をクリックします❷。

② サブメニューパネルが「テキスト効果を生成」のメニューに切り替わります。
「サンプル効果」の文字の右側にある「すべて表示」をクリックします❸。

③ 「反射」「自然」「食べ物」など、複数のカテゴリのテクスチャが表示されるので、好きなテクスチャをクリックします❹。少し待つと、効果が適用されます❺。なお、効果が適用されるまでに数秒かかります。

テキストからテクスチャを生成する

① 「サンプル効果」にないテクスチャも自由に生成することができます。
「テキスト効果を生成」のサブメニューパネルの「どのような感じにしたいですか？」と書かれたテキストボックスに、生成したいイメージを入力します❶。

101

② サブメニューパネル下部にある「生成」をクリックします❷。

③ 「結果」に生成したテクスチャが表示されます❸。なお、生成されるまでに数秒間かかります。
「さらに生成」をクリックすると、複数の候補が表示されます。

④ 結果からイメージにあったテクスチャをクリックします❹。
少し待つと、文字に効果が適用されます❺。

💡 通常の文字に戻したい場合、テキスト効果のサブメニューパネル下部にある「効果を削除」をクリックします。

COLUMN

テキストから効果的に生成するコツ

思い通りのテクスチャを与えるためには、テクスチャを生成する際にいくつかのコツがあります。上手くいかない場合は、次のコツを試してみましょう。

■プロンプトの書き方
まず、効果の核心部分(イメージする「素材」)を考え、その前に形容詞を設定します。
たとえば、以下のような書き方が考えられます。
例)金属調の風船、赤い毛糸、濃い緑色の苔、とろけるチョコレート

■サンプルの一部を修正する
用意された「サンプル効果」に近いイメージがある場合は、そのプロンプトの一部を書き換えてみましょう。
「サンプル効果」をクリックすると、そのサンプル効果を生成するプロンプトがテキストボックスに入力された状態になります。このプロンプトを一部書き換えることで、よりイメージに近い生成結果を得られるでしょう。

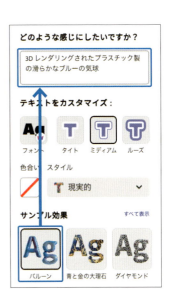

■文字の変形度合いを調整する
テクスチャの効果と、文字の形状を維持することのどちらを優先するかを指定することができます。「テキストをカスタマイズ」のボタンを選択すると、生成する文字に次のような影響を与えます。

メニュー名	アイコン	内容
タイト	タイト	文字の形状が厳密に維持されます。
ミディアム	ミディアム	文字の形状は維持されますが、テクスチャが文字の境界線を少し超えることがあります。
ルーズ	ルーズ	テクスチャの効果を最大限に生かします。テクスチャによっては、文字の輪郭を超え、文字としての可読性が下がることもあります。

文字に影や光彩を設定しよう

文字に影（シャドウ）を付けたり、文字周囲に光彩を放つような効果を付けたり、文字を立体的に見せたりすることができます。

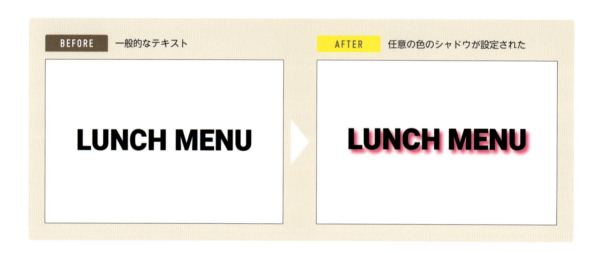

文字に影（シャドウ）を設定する

1 シャドウを設定したいテキストをクリックして選択します❶。「テキスト」のサブメニューパネルから「シャドウ」をクリックします❷。

② サブメニューパネルが「シャドウ」のパネルに切り替わり、シャドウ効果の一覧が表示されます。イメージに近い効果をクリックすると❸、シャドウが設定されます❹。

💡 シャドウを取り消したい場合、「なし」をクリックすると効果が取り消されます。

シャドウの効果を調整する

① 「シャドウ」のパネルで「カスタム」をクリックします❶。

② サブメニューパネルの下方にシャドウ効果の調整スライダが表示されます。各数値を変更して効果を調整します❷。

💡 シャドウの色はシャドウの効果一覧の下部にある「カラー」のボタンで変更できます。

メニュー名	内容
ぼかし	シャドウのシャープさを変更できます。数値が小さいほどシャープに、大きいほど、ぼけが大きくなります。
角度	シャドウが落ちる角度を、-180°から+180°の範囲で調整できます。
距離	文字とシャドウの距離を調整できます。

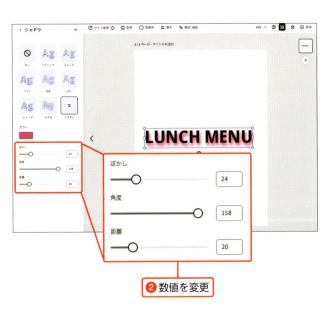

Section 11

文字にフレームを設定しよう

文字の周囲にフレームを付けたり、
文字の背面に色やシェイプを設定したりすることができます。

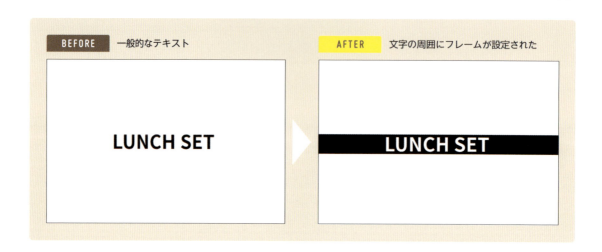

BEFORE 一般的なテキスト　　AFTER 文字の周囲にフレームが設定された

文字フレームを設定する

① フレームを設定したい文字を入力し、クリックして選択します❶。「テキスト」のサブメニューパネルから「文字フレーム」をクリックします❷。

② サブメニューパネルが「文字フレーム」のパネルに切り替わり、文字フレームの一覧が表示されます。
装飾の各カテゴリ下部にある「すべて表示」をクリックすると❸、それぞれの効果の一覧が表示されます。

③ 適用したいフレームをクリックすると❹、フレームが設定されます❺。

> フレームを取り消したい場合、◦（なし）をクリックするとフレームが取り消されます。

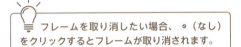

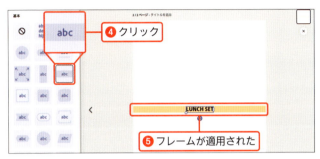

文字フレームを調整する

① 文字フレームの効果を調整することができます。適用した効果のボタンにスライダのマークが表示された状態になっているので、これをクリックします❶。

② 調整メニューが表示されるので、色やサイズなどを調整しましょう❷。

メニュー名	内容
テキストの色	テキストの色を変更できます。
シェイプの色	適用したフレームの色を変更できます。
テキストを切り抜き	テキスト背面を覆うタイプのフレームを設定した場合、そのシェイプからテキスト部分が切り抜かれ、透明な状態になります。
シェイプのサイズ	文字フレームのサイズを変更できます。
シェイプの不透明度	文字フレームの不透明度を変更できます。

107

Section 12

テキストテンプレートから編集しよう

Adobe Expressでは、文字にも多数のテンプレートが用意されています。
テンプレートを編集して、かんたんにスタイリッシュな見出しやロゴを作れます。

テキストテンプレートとは？

Adobe Expressには、文字に関するテンプレートが複数用意されています。たとえば、文字と画像を組み合わせたロゴマークや、そのまま名刺のデザインに使えるレイアウトなどがあります。

テンプレートから文字を修正したり、オブジェクトの色やサイズを変更したりすることで、かんたんにオリジナルのデザインを作成することができます。

名刺のテンプレート　　　　　　　　　　ロゴのテンプレート

テンプレートを選択する

メインメニューバーから「テキスト」をクリックします❶。
すると、「POPとラベル」「ロゴ」など、複数のテンプレートが表示されます。詳細を見たいカテゴリの「すべて表示」をクリックします❷。

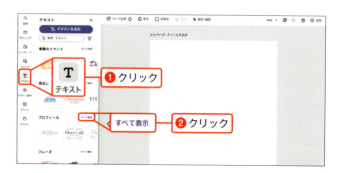

② 使用したいテンプレートをクリックすると❸、カンバス上に配置されます❹。

テンプレートを編集する

① テンプレートを編集していきましょう。
テンプレートは、複数のレイヤーが結合した状態になっているので、編集したいテキストが単一のレイヤーとして扱える階層を表示させます。
テンプレートをクリックして選択したあと、編集したいテキストの上にカーソルを合わせてさらにクリックすると❶、テンプレートのレイヤースタックが表示されます❷。
レイヤースタック上で選択したレイヤーに数字が表示され、テキスト部分はまだ複合レイヤーであることがわかります。
また、サブメニューパネルも「グループ」の表示になっています。

② 再度、テキスト部分をクリックすると❸、レイヤースタックにすべて単一のレイヤーとして表示されます❹。
サブメニューパネルは「テキスト」のパネルに変化します。
この状態でテキストの編集を行います。

💡 まだ複合レイヤーになっている場合には、編集したいテキストが単一のレイヤーになるまでクリックを続けます。

③ 通常のテキストレイヤーと同様に編集が可能となります。編集したい文字をクリックし、文字を編集します❺。

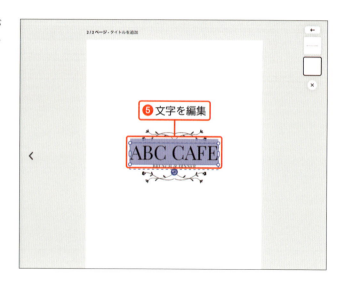

④ 選択した文字は、通常のテキストレイヤーと同様に編集できます。サブメニューパネルを活用し、フォントや文字サイズ、色の変更など、文字のデザイン調整を行います❻。

⑤ テンプレート中の、文字以外のオブジェクトも同様に編集することができます。手順①～手順②と同様に、編集したいオブジェクトが単独のレイヤーになるまでオブジェクトをクリックします❼。

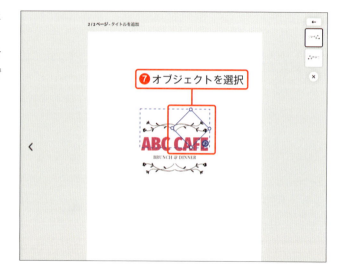

⑥ サブメニューパネルが「アイコン」や「画像」といった、オブジェクトの編集メニューになります。
色や不透明度などを調整します❽。

手順①〜手順⑥の操作を繰り返し、調整したいレイヤー（オブジェクト）をすべて調整します。
不要なレイヤーは削除することも可能です。

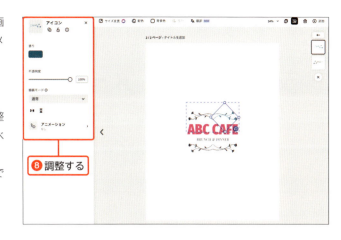

⑦ すべてのパーツの編集が完了したら、一度、カンバスの何もない場所をクリックし、再度テンプレートをクリックすると、テンプレート全体が選択されます❾。

⑧ フレームをドラッグしてサイズや角度を調整します。
また、サブメニューパネルは「グループ」になり、全体の不透明度や描画モードなどを変更することができます❿。

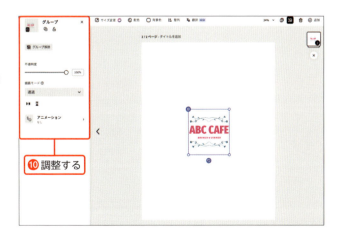

Section 13

文字にアニメーションを設定しよう

文字にアニメーションを設定できます。
動画を制作する際や、画面の一部を目立たせたい場合などに活用できます。

文字のアニメーションとは？

文字のアニメーションとは、文字が画面上で動き、変化するさまざまな効果のことです。
たとえば、文字がフェードイン（徐々に現れる）やフェードアウト（徐々に消える）、スライド（画面の一方から他方へ移動）、拡大／縮小、回転、跳ねるなどの動作があります。
Chapter 6（150ページ）の動画編集で主に必要になりますが、ここでもかんたんにその動作をみてみましょう。

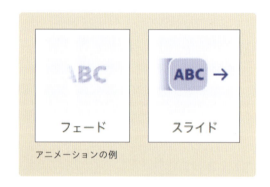

アニメーションの例

文字にアニメーションを設定する

1. 文字をクリックして選択したあと❶、サブメニューパネルから「アニメーション」をクリックします❷。

② サブメニューパネルが「アニメーション」のパネルに切り替わり、「開始」「ループ」「終了」のボタンが表示されます。アニメーションを適用したいタイミングをクリックします❸。

メニュー名	内容
開始	動画が開始するときのアニメーションです。
ループ	同じアニメーションが繰り返されます。
終了	動画が終了するときのアニメーションです。

③ 適用できるアニメーションの一覧から適用したいアニメーションをクリックします❹。

💡 アニメーションの効果を確認したい場合、各効果の上にカーソルを合わせると、カンバス上でそれぞれのアニメーションの効果がプレビューされます。

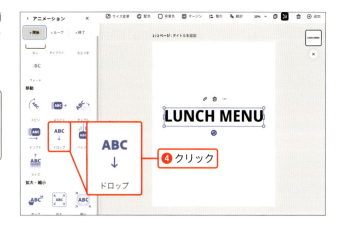

④ カンバスの下部にタイムラインが表示されます。▶（再生）をクリックすると❺、カンバス上で設定したアニメーションが再生されます❻。

💡 タイムラインについては、154ページで改めて説明します。

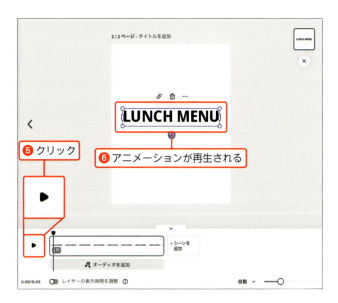

⑤ 設定したアニメーションのボタンを再度クリックすると❼、アニメーションの調整メニューが表示されるので、必要な項目を調整します❽。
たとえば、文字が移動するアニメーションの場合には、「方向」を選択することで、移動する方向を指定できます。

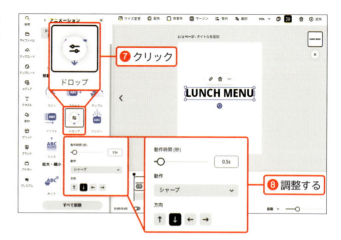

⑥ 同様に、「開始」「ループ」「終了」からアニメーションを追加したいタイミングをクリックし、手順③〜手順⑤の操作を行うことで違うタイミングにもアニメーションを適用できます❾。

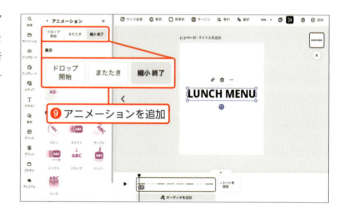

アニメーションを削除する

① 設定したアニメーションを削除したい場合には、「開始」「ループ」「終了」のボタンから、効果を削除したいタイミングをクリックします❶。「なし」のボタンをクリックすると❷、そのアニメーションが削除されます。

💡 すべてのアニメーションを削除したい場合、サブメニューパネル下部の「すべて削除」をクリックすると、タイムラインを含めてすべてのアニメーションが削除されます。

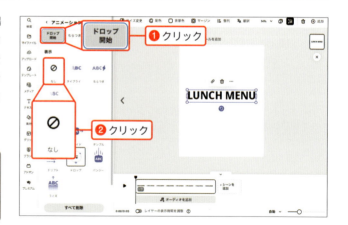

Chapter

5

画像編集を
マスターしよう

写真やデザイン素材を配置したり編集したりするテクニックをマスターしましょう。

この章で学ぶこと

写真やイラストの編集からテンプレートの使用まで、画像編集の基本操作をマスターしよう

多様な画像／素材をオブジェクトとして扱える

この章では、画像全般の扱い方を学びます。Instagramの投稿や、YouTubeのサムネイル画像、チラシ類の印刷物などに活用できます。

自分で用意した画像を素材として活用できるのはもちろん、Adobe ExpressはAdobe Stockと連携しており、写真素材のほか、イラストやアイコンなど、多様な画像を無料で利用できます（一部の画像はプレミアムプランのみの対応）。

さらに、使用したい画像が見つからない場合は、テキストでゼロから画像を生成することや、すでにある画像の好きな場所に画像を生成して組み合わせることもできます。

これらの画像は、ここまでに学んだテキストなどのオブジェクトと同様にサイズ変更や拡大などを行うことができます。

📎 Adobe Expressで使用できる画像／素材の例（左上から時計回りで、写真素材、イラスト、生成画像、アイコン

画像の色味の変更や切り抜きもかんたん

Adobe Express上で、画像の明るさや鮮やかさのような写真の補正を行うことができます。また、フィルターを使い、ワンクリックでモノクロームやセピア調のような色調に変更することもできます。

116

また、円や星形などの任意の形に切り抜くことも可能です。写真の中の人物や製品などの主役部分だけを残し、背景を削除する加工も、ワンクリックでかんたんに行うことができます。

📄 白紙のカンバスの状態から、Adobe Expressの画像だけを使って、デザインを作成する

テンプレートでかんたんにバナーやチラシを作成可能

Adobe Expressには、複数の画像テンプレートも用意されています。
レイアウトやフォント、色調などの整ったテンプレートを活用し、画像の入れ替えやテキストを修正していくことで、見やすい画像をかんたんに作ることができます。

📄 142ページでは、左下のテンプレートを活用し、右下の画像を作成する

5 画像編集をマスターしよう

117

Section 01

画像を取り込もう

編集を行うために、画像をファイル内に取り込みましょう。Adobe Expressでは、自分で用意した画像のほか、Adobe Stockの写真も素材として使用することができます。

オリジナルの画像を取り込む

1. 新規ファイルを作成し、画像を配置したい白紙のカンバスを表示します❶。

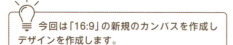

今回は「16:9」の新規のカンバスを作成しデザインを作成します。

❶白紙のキャンバスを表示する

2. メインツールバーから「メディア」をクリックし❷、「デバイスからアップロード」をクリックします❸。

③ 使用したい画像の保存場所から、画像をクリックして④、「開く」をクリックすると⑤、画像がカンバス上に配置されます。

💡 「デバイスからアップロード」を使用せず、ファイルを直接カンバス状にドラッグ＆ドロップすることでも配置できます。

Adobe Stockから画像を取り込む

① メインツールバーの「メディア」を選択し①、サブメニューの「写真」のタブの「検索」欄に、使用したいイメージを入力し、Enterキーを押します②。

② 検索結果が表示されるので、使用したい画像をクリックします③。画像がカンバス上に配置されます④。

💡 イメージに近い画像がない場合、テキストから画像を生成することもできます。132ページで詳しく説明します。

Section 02

画像の色調／ぼかしを調整しよう

取り込んだ写真ごとに色調やぼかしを調整することができます。

色調とは？

「色調」は、画像の色のバランスや調和を指します。具体的には、色の「明るさ」や「彩度」、「コントラスト」などを調整して、画像の全体的な色味を改善する作業を行います。
色調補正を行うことで、写真や画像の見栄えをよくしたり、元のシーンの雰囲気や質感をより忠実に再現したりすることができます。

元画像

「明るさ」を上げる

「彩度」を上げる

色調／ぼかしを調整する

 カンバス上に配置した画像をクリックし❶、サブメニューから「色調補正・ぼかし」をクリックします❷。

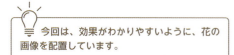

今回は、効果がわかりやすいように、花の画像を配置しています。

② サブメニューに「色調補正・ぼかし」の調整項目が表示されるので、スライダで調整します❸。
各項目を調整した際のイメージを次ページの表にまとめます。

③ 調整が完了したら、該当する画像以外の場所をクリックすると、確定します❹。
再度修正したい場合、再び「色調補正・ぼかし」をクリックすると、調整後の状態から補正を再開できます。

色調補正をリセットする

① 色調補正前の状態に戻すことができます。
「色調補正・ぼかし」のサブメニューパネルの最下部にある「すべてリセット」をクリックします❶。

② すべての補正がリセットされ、画像が初期の状態に戻ります。
「色調補正・ぼかし」のサブメニューパネルの各項目の数値も初期値に戻ります❷。

「色調補正・ぼかし」の調整項目

「色調補正・ぼかし」には、画像の明るさを調整する「ライト」、色味を調整する「カラー」、写真のぼけやシャープさを調整する「ディテール」の3つの分類があります。それぞれの項目で細かい調整を行うことができます。

分類「ライト」の調整項目

項目	説明	小さい値	大きい値
コントラスト	明るい部分と暗い部分の差を調整します。	柔らかい印象になります。	色にメリハリが出ます。
明るさ	画像全体の光の量を調整し、全体的に明るくしたり暗くしたりします。	全体が暗くなります。	全体が明るくなります。
ハイライト	画像中の明るい部分の光量を調整します。	明るい部分のディテールが見やすくなります。	明るい部分がより明るくなります。
シャドウ	画像中の暗い部分の光量を調整します。	暗い部分がより暗くなります。	暗い部分のディテールが見やすくなります。

分類「カラー」の調整項目

項目	説明	小さい値	大きい値
彩度	色の鮮やかさを調整します。	無彩色に近付きます。	色が鮮やかになります。
色温度	画像の色合いを暖色系や寒色系に調整します。	青っぽく冷たい雰囲気になります。	赤っぽく暖かい雰囲気になります。

分類「ディテール」の調整項目

項目	説明	小さい値	大きい値
シャープ	画像のエッジや細部の明瞭さを強調します。	元画像	境界がはっきりします。
ぼかし	画像全体に滑らかな効果を与え、ディテールを意図的に減少させます。	元画像	境界がぼやけます。

5 画像編集をマスターしよう

透明度を設定しよう

画像の不透明度を変更して、背面の画像が透けて見える度合いを調整することができます。

不透明度を変更する

1 カンバス上に画像を配置します❶。

💡 今回は、透明度の効果がわかりやすいよう、120ページで使用した花の画像の上に、「メディア」に含まれるうさぎの画像を重ねて配置しています。

❶画像を配置

② 不透明度を調整したい画像をクリックし、サブメニューの「不透明度」の数値を変更します❷。
不透明度を下げると、画像が透ける度合いが高くなります❸。

描画モードを変更する

① 「描画モード」によって、画像の重ね合わせの効果を変更することもできます。
透過の状態を変更したい画像をクリックし、サブメニューから「描画モード」をクリックします❶。

② 描画モードの選択肢が表示されるので、適用したい効果をクリックして❷、選択します。次の表の効果があります。

メニュー名	内容	例
通常	そのまま画像の重なりで表示されます。	
乗算	重ね合わせたレイヤーの色値を掛け合わせ、全体として暗くなる効果をもたらします。暗い色がさらに暗くなり、白色は完全に透過する状態になります。	
スクリーン	レイヤーの色値の逆数を掛け合わせ、全体として明るくなる効果をもたらします。暗い部分はほとんど影響を受けず、明るい部分がさらに明るくなります。	

5 画像編集をマスターしよう

Section 04

フィルター効果を適用しよう

フィルター効果は、写真やグラフィックデザインに対して特定の視覚効果を適用するために使用されます。デザイン素材の色味を変更するのにも活用できます。

フィルター効果を適用する

① 効果を適用したい画像をクリックし❶、サブメニューから「効果」をクリックします❷。

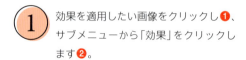

② モノクロや全体の色を淡くするなどの効果を適用できる「基本」と、2色のみを使用して画像に色を付ける「ダブルトーン」の効果から、適用したい効果をクリックすると❸、効果が適用されます❹。

③ 「ダブルトーン」の候補の中に希望の色調がない場合、「カスタム」をクリックし❺、シャドウとハイライトの色を任意の色に設定します❻。

効果を削除したい場合

適用した効果を削除したい場合、「効果」のパネルから「なし」を選択します。画像がフィルター効果適用前の状態に戻ります。

さまざまな形に切り抜こう

画像を比率の異なる四角形や、円形、星形など、さまざまな形に切り抜くことができます。

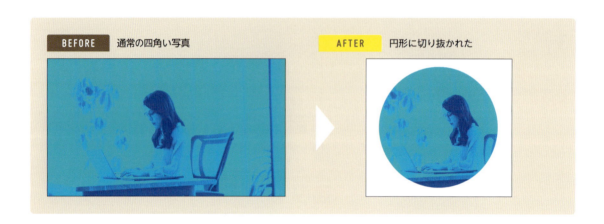

画像を切り抜く

① カンバス上の画像をクリックし、サブメニューから「切り抜き」をクリックします❶。

② サブメニューにさまざまな形状が表示されるので、切り抜きたい形状を選択します②。

③ カンバス上の画像で、切り抜かれる箇所以外に薄く白いマスクがかかります。点線で囲まれた部分の四隅をドラッグして切り抜くサイズを調節します③。

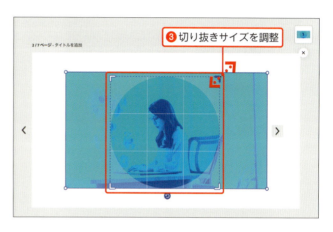

④ 元画像のサイズや角度を調整することもできます。
点線で囲まれた部分以外の元画像の部分をクリックし、拡大／縮小、回転、移動を行い、切り抜きを行う位置を調整します④。
カンバス上のマスク以外の箇所をクリックすると切り抜きが確定します。

> 💡 「切り抜き」メニューの下部の「リセット」をクリックすると、切り抜きの効果を無効にして、元の形状に戻ります。

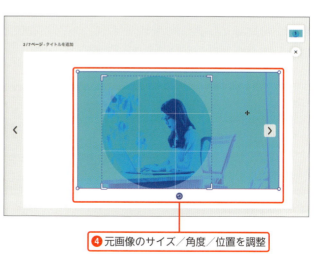

Section 06

画像の背景を削除しよう

画像の背景を削除し、被写体の人物や商品だけを素材として使うことができます。

画像の背景を削除する

① メインメニューの「メディア」をクリックし❶、目的の画像をカンバス上に配置します❷。

> 💡 今回は「飲食店　店員」で検索した画像を使用しています。自分で用意した画像を使用することもできます。

② 画像をクリックして選択し③、サブメニューから「背景を削除」をクリックします④。

③ 背景が削除され、人物だけが抽出されます⑤。

> 再度「背景を削除」をクリックすると、元の状態に戻ります。

削除する箇所を調整したい場合

自動で背景削除を行った画像からさらに不要な箇所を削除したい場合や、削除する箇所を自分で指定したい場合は、「消しゴム」で調整を行うことが可能です。
「消しゴム」はプレミアムプラン限定の機能です。

AIを使った画像の生成／置換を行おう

Adobe Express内に思い通りの画像がない場合、AIを使って画像を生成したり、画像の一部を生成画像で置換したりすることができます。

テキストから画像を生成する

① メインメニューの「メディア」をクリックし、サブメニューの「テキストから画像生成」をクリックします❶。

② プルダウンから、生成したい画像の比率を選択します❷。

③ カンバス上に画像が生成される領域が表示されます。領域のサイズと位置を調整します❸。

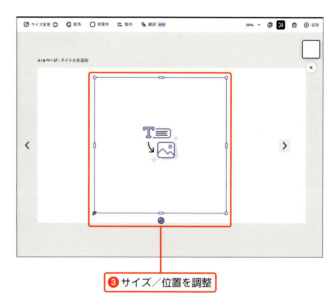

④ 「生成したい内容を説明してください」と書かれたテキストボックス内に、生成したい画像の説明を入力します❹。

⑤ 生成画像のタッチを変更することができます。
サブメニューの「コンテンツタイプ」から「写真」「グラフィック」「アート」とスタイルを選び❺、「生成」をクリックします❻。

⑥ しばらく待つと、複数の画像候補が表示されます。もっともイメージの近い画像をクリックすると❼、手順③で指定した領域に画像が生成されます❽。
近いイメージがない場合は、説明文を見直して再度生成を行いましょう。

画像の一部を好きな画像で置換する

① 画像を選択し、サブメニューから「生成塗りつぶし」をクリックします❶。

② サブパネルの「ブラシサイズ」を調整し❷、画像を生成したい箇所を塗りつぶします❸。

❷サイズを調整　❸塗りつぶす

③ テキストボックスに生成したい内容を入力し❹、「生成」をクリックします❺。

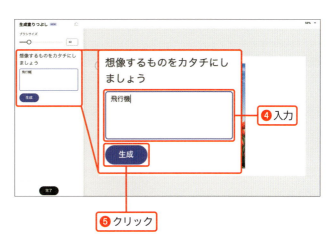

❹入力　❺クリック

④ サブメニューに生成結果が表示されます。画像をクリックすると❻、カンバス上の画像が置換されます❼。
「完了」をクリックして確定します❽。

❻クリック　❼画像が生成された　❽クリック

さまざまな「素材」を追加しよう

Adobe Expressには、写真以外にも、
デザイン素材や背景、図形、アイコンなどの素材が用意されています。

Adobe Expressの「素材」とは？

Adobe Expressには、ビジュアルコンテンツを作成する際に使用できるデザイン素材、背景、図形、アイコン、グラフが用意されています。

メインメニューの「素材」から次のようなオブジェクトが挿入できます。

素材	内容
デザイン素材	ブラシやフレーム、イラストなど、デザインに使用できるさまざまな要素が含まれます。
背景	壁紙のようなパターンやイラストなど、デザインの背景に使用できる多様な画像が用意されています。
図形	円や長方形、星形といった幾何学的形状、線、枠など、デザインに追加できる基本的な図形要素です。
アイコン	シンプルなグラフィックイメージやシンボルで、特定の概念やアクションを表現します。
グラフ	棒グラフや円グラフなど、値を入力することでオリジナルのグラフをかんたんに作成できます。

デザイン素材を追加する

 メインメニューから「素材」をクリックします❶。

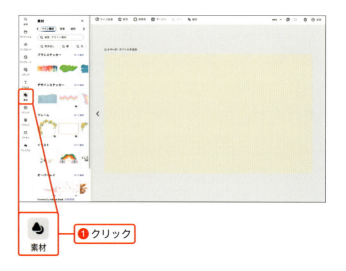

❶クリック

② サブメニューに「デザイン素材」「背景」などのタブが表示されるので、挿入したいイメージに合ったカテゴリを選択します②。

③ 挿入したい素材をクリックすると❸、カンバス上に配置されます❹。

💡 ここでは、「デザイン素材」カテゴリの「オーバーレイ」の素材を選択しています。

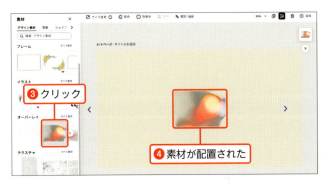

デザイン素材を調整する

デザイン素材は、テキストや画像などのオブジェクトと同様に、拡大／縮小、回転などの操作を行うことができます。
また、素材によって、塗りつぶしの色を変えたり、色合いを変更したりすることも可能です。素材をクリックすると、調整メニューがサブメニューに表示されるので、調整を行います。

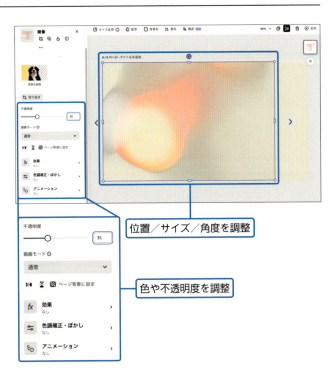

5 画像編集をマスターしよう

Section 09

「グリッド」に写真を配置しよう

複数の画像やオブジェクトを配置する際、そのサイズと間隔を揃えるとスッキリとしたデザインになります。「グリッド」を使って配置を行ってみましょう。

「グリッド」とは?

「グリッド」は、画像やテキストなどのデザイン要素を整理して配置するためのガイドラインを提供する機能です。複数の画像をバランスよく配置することができます。

グリッドのレイアウト例

グリッドに写真を配置する

① 白紙のカンバスを用意したあと、メインメニューから「グリッド」をクリックします❶。

❶クリック

② サブメニューに候補が表示されるので、使用したいグリッドをクリックすると❷、キャンバス上にグリッドが表示されます❸。

③ キャンバス上のグリッドをクリックし、一般のオブジェクトと同様にサイズ/位置を調整します❹。
青い枠がグリッドのレイヤーのサイズになります。
縦横の幅も任意に調整できます。

④ グリッドの要素の比率を変更することができます。
要素と要素の間にカーソルを合わせると、要素の間にラインが表示され、カーソルが両矢印に変わります。
青いラインをドラッグすることで比率を変更できます❺。

⑤ サブメニューでグリッドのレイヤーにおける「余白」「間隔」を調整します❻。

項目	内容	図示
余白	要素の外側に設定される空白部分のサイズ	
間隔	要素の間にある空白部分のサイズ	

⑥ グリッドの余白／間隔部分に色を設定することができます。デフォルトでは塗りつぶしのない状態になっています。
サブメニューの「背景」をクリックし、任意の色を選択します❼。

⑦ グリッドの中に画像を配置します。画像やデザイン素材などを、配置したいグリッドの枠内にドラッグ＆ドロップします❽。

8 画像の切り抜き位置を調整できます。配置した画像をダブルクリックして選択したあと、再度クリックすると、元の画像全体が半透過の状態で表示されます❾。
この状態で、元の画像のサイズや位置を調整します❿。

9 画像をクリックして選択すると、グリッド内の画像を通常の画像と同様に編集できます⓫。
Delete キーで要素を削除することも可能です。

10 手順⑦〜手順⑨の操作を繰り返し、必要なグリッドに要素を配置します⓬。

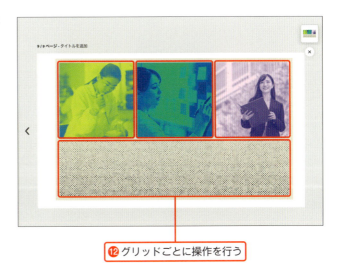

141

Section
10

テンプレートを活用しよう

Adobe ExpressにはInstagram投稿やチラシの作成などに使用できる
さまざまなテンプレートが用意されています。

テンプレートを読み込む

① 白紙のカンバスを用意したあと、メインメニューから「テンプレート」をクリックします❶。

142

② サブメニューに候補が表示されるので、使用したいテンプレートをクリックします❷。カンバスのサイズとテンプレートサイズが一致する場合には、カンバス上にテンプレートが配置されます❸。

💡 テンプレートの中に不要なオブジェクトがある場合、先に削除してしまうとすっきりします。アイコンなどのオブジェクトをクリックして選択し、Delete キーを押すと削除できます。

写真を入れ替える

① 「メディア」や「デザイン素材」、自分で用意した写真などを、テンプレートの写真上にドラッグ＆ドロップします❶。

② グリッドやシェイプで切り抜かれている素材は、置換した画像を選択後、ダブルクリックすることで切り抜き位置やサイズを調整できます❷。

テキストを編集する

① 編集したいテキストをダブルクリックすると、テキストを編集できるようになります。文字を書き換えます❶。

② 通常のテキストと同様に、色やフォント、サイズの変更を行うことができます。Chapter 4（80ページ）を参照して、テキストを調整します❷。

オブジェクトを追加する

① 任意のオブジェクトを追加することもできます。「メディア」や「デザイン素材」、自分で用意した画像などから、追加したい要素をクリック（自分で用意した画像の場合、ドラッグ＆ドロップ）して❶、カンバス上に挿入します❷。

② オブジェクトを選択し、サイズや位置、色などを調整します❸。

> 💡 テンプレート内のオブジェクトも編集できます。たとえば、文字の背面にある白い正方形をクリックし、サブメニューパネルから「コーナーの真円率」を変更することで真円に変更できます。以降の操作画面では、その結果を反映しています。

全体の雰囲気を整える

① 最後に、全体のデザインを見て、各オブジェクトの色やサイズなどの調整を行います。
トップバーの「配色」をクリックします❶。

② 想定している雰囲気に近いカラーテーマの色を選択すると、全体的に調和のとれた色の組み合わせが選択されます。
ページテーマの上部にある 🔀 をクリックすると❷、テーマカラーの組み合わせでパーツの色をシャッフルできます。

5 画像編集をマスターしよう

Section 11 アニメーションを設定しよう

画像にアニメーションを設定することができます。Instagramなどの投稿の一部を目立たせるのに使用できるほか、Chapter 6（150ページ）の動画編集でも活用できます。

BEFORE 静止画　　AFTER パーツに動きが加わった

画像にアニメーションを設定する

① まとめて動かしたいオブジェクトを1つのレイヤーにグループ化します。Shiftキーをクリックしたまま、グループ化したいオブジェクトをクリックしていきます❶。

> 💡 単独のオブジェクトにアニメーションを付与したい場合、手順①〜手順②の操作は不要です。

❶ Shift キーを押しながら選択

② サブメニューで「グループ化」をクリックします❷。
レイヤースタック上でレイヤーが複合化されたことを確認できます。

> 💡 複数のオブジェクトを選択後、オブジェクト上部に表示される「グループ化」をクリックすることでもグループ化できます。

③ グループ化したオブジェクトをクリックして選択後、サブメニューから「アニメーション」をクリックします❸。

④ サブメニューパネルが「アニメーション」のパネルに切り替わり、「開始」「ループ」「終了」というボタンが表示されます。
アニメーションを適用したいタイミングをクリックします❹。

メニュー名	内容
開始	動画が開始するときのアニメーションです。
ループ	同じアニメーションが繰り返されます。
終了	動画が終了するときのアニメーションです。

⑤ 適用できるアニメーションの一覧が表示されます。
各効果の上にカーソルを合わせると、カンバス上でそれぞれのアニメーションの効果を確認できます❺。

❺効果を確認

⑥ 適用したいアニメーションをクリックします❻。

❻クリック

⑦ カンバスの下部にタイムラインが表示されます。▶（再生）をクリックすると、設定したアニメーションを確認できます❼。

💡 アニメーションの調整方法は、「文字にアニメーションを設定しよう」（112ページ）と同様です。

❼クリック

Chapter

6

動画編集を
マスターしよう

自分で撮影した動画やAdobe Express内の動画素材をタイムラインに配置して編集し、テキストなどのオブジェクトや効果を追加する方法を学びましょう。

タイムラインとレイヤーの扱い方を理解し、動画編集の基本操作をマスターしよう

タイムラインとレイヤーを使用して動画を編集する

この章では、映像全般の扱い方を学びます。YouTube動画やInstagramリール、TikTokなどに活用できます。Adobe Expressでの動画の編集には「タイムライン」と「レイヤー」を使用します。
「タイムライン」では、ビデオクリップやオーディオクリップなどの素材を時間の流れに沿って配置して編集します。このタイムライン上で、各要素の開始と終了のタイミングを決定し、映像のトリミングや順序変更などの編集を行うことができます。
要素の時間軸は「タイムライン」で管理される一方、その時間軸の中での要素の重なり合いや階層は「レイヤースタック」で管理されます。

動画の編集画面

位置	名称	内容
❶	レイヤースタック	時間軸の中の要素の重なり合いや階層を管理します。
❷	タイムライン	ビデオクリップ(上側)やオーディオクリップ(下側)の時間の流れを示します。

画像編集と同様な操作で動画を編集できる

Adobe Expressでは画像編集と同様の操作方法で、動画をさまざまな形に切り抜いたり、動画の上にテキストやデザイン素材を追加したり、動画の色調や透明度を調整したりすることができます。

動画編集の素材は、カンバスのレイヤースタック上で管理され、素材の前後を入れ替えたり、複数の素材を複合レイヤーとして扱えたりする点なども、画像編集と同様です。

この章では、Section 01、03、05、08の手順によって、動画と画像をレイヤー上で組み合わせ、さらに、Section 06の手順によってタイムライン上での表示タイミングを編集することにより、次のような映像を作成します。

中央部分は、海の動画が円形に切り抜かれている

テンプレートでかんたんに動画を作成できる

Adobe Expressには、画像と同様、複数の映像テンプレートも用意されています。
YouTube動画やTikTok動画、Instagramリールなど、投稿先のサイズ／長さに合ったテンプレートも用意されており、テンプレートにオリジナルの映像を組み合わせ、テキストなどを編集することで、かんたんに目を引く動画を作成することができます。
178ページでは左下のテンプレートを活用して、右下の動画を作成します。

左はテンプレートの動画で、右はテンプレートから編集した動画

Section 01

動画を取り込もう

動画の編集を開始するために、まずは、使用する映像を取り込みましょう。
自分で用意した映像素材のほか、Adobe Stockの映像も素材として使用できます。

オリジナルの動画を取り込む

① 目的にあった比率の白紙のカンバスを作成しておきます。
メインメニューの「メディア」をクリックし❶、「デバイスからアップロード」をクリックします❷。

> メインツールバーの「アップロード」をクリックしても同じ操作ができます。

② 取り込みたい動画を選択し❸、「開く」をクリックします❹。

③ カンバス上に動画が配置されます❺。
また、動画の下部にタイムラインも表示されます❻。
タイムラインについては、次のSectionで解説します。

「メディア」から動画素材を取り込む

① Adobe Expressでは、自由に使用できる動画素材も用意されています。メインメニューから「メディア」をクリックし❶、サブメニューで「動画」のタブをクリックします❷。

② 追加したい素材のイメージをテキストボックスに入力し、Enterキーを押すと候補素材が表示されます❸。
使用したい素材をクリックすると❹、カンバス上に動画素材が配置されます❺。

Section 02

タイムラインを編集しよう

タイムラインを編集して動画を編集します。
まず、「タイムライン」の概念について学び、かんたんな編集操作を覚えていきましょう。

タイムラインとは？

Adobe Expressの動画編集における「タイムライン」とは、動画編集画面の下部に表示される時間軸のことです。この時間軸に、ビデオクリップ、オーディオクリップなどの要素を配置することで、動画の編集を行うことができます。
タイムラインは時間の経過に伴い、左側から右側に進みます。
このタイムラインを使用し、ビデオクリップの追加やトリミング、オブジェクトの表示時間の変更、BGMの追加といった操作を行います。

タイムラインに使用する用語

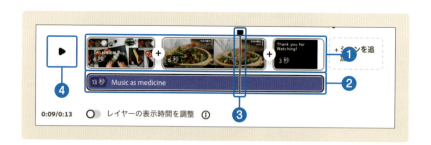

位置	名称	内容
①	ビデオクリップ	タイムライン上に配置／操作する映像素材です。
②	オーディオクリップ	タイムライン上に配置／操作する音声素材です。
③	再生ヘッド	タイムライン上でプレビューされている時点を示しています。
④	再生／一時停止ボタン	クリックするとタイムラインが再生／一時停止されます。

動画をトリミングする

① ビデオクリップを短くしたり、必要な部分だけを抜き出したりすることができます。動画の後半をカットする場合、まず、タイムライン上で動画をカットしたい位置をクリックして❶確認します。

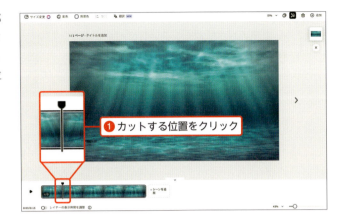

② タイムライン上の動画の右端にカーソルを合わせると、両矢印（⇔）にカーソルが変化します。この状態で、カットしたい位置までドラッグします❷。

③ 動画の後半がトリミングされ、ビデオクリップが短くなります❸。
動画の前半をトリミングしたい場合は、同様な操作を動画の左端側で行います。

タイムラインに動画を追加する

① タイムラインの末尾にある「シーンを追加」と書かれた部分をクリックします❶。

② タイムラインの末尾に新たに白紙のビデオクリップが追加されます。この状態で、152ページと同様に、メインメニューの「メディア」をクリックし❷、オリジナル素材をアップロードするか、Adobe Expressのメディア素材から動画を挿入します❸。

③ タイムライン上で、先に取り込んでいた動画のうしろにアップロードされます❹。

💡 タイムライン上に、動画ファイルをドラッグ＆ドロップすることでも配置できます。

動画の順序を入れ替える

① タイムライン上で動画の順序を入れ替えることができます。順序を入れ替えたいビデオクリップを、挿入したい場所までドラッグ&ドロップします❶。

② 動画の順序が入れ替わります❷。

タイムライン上の動画を削除する

① 削除したいビデオクリップをタイムライン上で右クリックし、表示されたメニューから「シーンを削除」をクリックします❶。

② 該当するビデオクリップが削除されます❷。タイムライン上でうしろに配置されていたビデオクリップが詰めて配置されます。

さまざまな形に切り抜こう

ビデオクリップをさまざまな形に切り抜くことができます。

さまざまな形に映像を切り抜く

① 切り抜きたい映像をカンバス上でクリックして選択し、サブメニューの「切り抜き」をクリックします❶。

② サブメニューに切り抜きできる図形が表示されます。切り抜きたい形状を選んでクリックします②。なお、今回は「シェイプ」から円形を選択しています。

③ 切り抜く図形の枠をドラッグすることで切り抜くサイズを調整し、 をドラッグすると図形を回転させられます。
また、画像を切り抜く操作（128ページ）と同様、映像をドラッグして移動させたり、回転させたりすることもできます。切り抜きたいサイズと位置を調整します③。

④ 編集中の素材以外の編集領域をクリックすると、映像が切り抜かれます④。

速度を調整しよう

動画の再生速度を早くしたり遅くしたり調整することができます。

動画再生の速度を変更する

 カンバス上で映像素材をクリックして選択します❶。

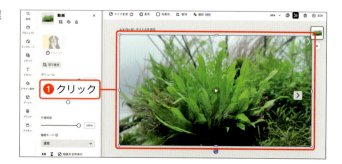

② サブメニューの「速度」のスライダを調整し、再生速度を変更します❷。
通常の再生速度が100%で、右にスライドすると高速再生（200%で2倍速）、左にスライドすると低速再生（50%で半分の速度）になります。

③ 速度が調整されても、クリップ全体の長さは同じ状態になっています。必要に応じ、クリップの右端をドラッグして、適切な長さに調整します❸。
動画の早さが変更されたクリップが完成します。

元の早さに戻したいとき

元の映像の早さに戻したい場合、「速度」を100%に戻しましょう。
また、サブメニューパネルの「速度」の文字にカーソルを合わせると「リセット」が表示されるので、これをクリックすることでも、元の速度に戻すことができます。

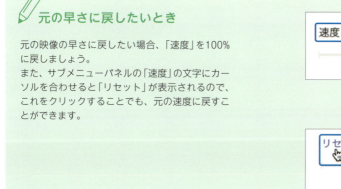

Section 05

テキストや素材を追加しよう

動画素材の上にさまざまなテキストやデザイン素材などのオブジェクトを重ねることができます。

動画にテキストを追加する

① テキストを追加したいビデオクリップ上に再生ヘッドを合わせ、カンバス上に表示された状態で、メインメニューから「テキスト」をクリックし❶、サブメニューで「テキストを追加」をクリックします❷。

② テキストを入力し❸、フォントやサイズ、色などを調整します（84ページ以降参照）。

素材を追加する

① メインメニューから「素材」をクリックし❶、「デザイン素材」「背景」などのタブから挿入したい素材を選択してクリックします❷。

💡 今回は「背景」タブで「泡」と検索して素材を選択しています。

② 素材がカンバス上に配置されます❸。素材のサイズや色味、不透明度などを調整します（120ページ以降参照）。

オブジェクトのアニメーションと組み合わせる

① テキストやオブジェクトにアニメーションを設定することができます。
アニメーションを設定したいオブジェクトをクリックして選択し❶、サブメニューで「アニメーション」をクリックします❷。

② アニメーションを設定したいタイミングを「開始」「ループ」「終了」から選択して、アニメーションの種類を選択します❸（112ページ参照）。

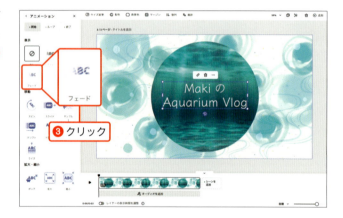

 1つのビデオクリップ上に多数の素材を配置できる

1つのビデオクリップの上には複数のテキストや素材を追加できます。162ページの「動画にテキストを追加する」と163ページの「素材を追加する」の操作を繰り返して必要な素材を配置しましょう。
オブジェクトの前後関係は、画像の操作と同様、レイヤースタック上で変更できます（64ページ参照）。

COLUMN

Adobe ExpressとAdobe Premiere Proのタイムラインの違い

映像制作にAdobe Premiere Proを使用されたことがある方は、Adobe Expressで動画編集の操作を行って違和感を覚えたかもしれません。
Adobe Premiere Proでは、タイムライン上に動画やテキスト、音声などの複数のレイヤーが表示され、それぞれのレイヤー（オブジェクト）ごとに効果を設定し、表示時間／タイミングを設定します。
一方、Adobe Expressでは、基本的には、タイムライン上には、1つのビデオクリップと、オーディオクリップのみ表示される状態がベースとなっており、ビデオクリップのレイヤーは、カンバス上のレイヤースタックに表示された状態となります。

■Adobe Premiere Proの動画編集タイムライン

タイムライン上に映像やオブジェクトの複数のレイヤーと、音声の複数のレイヤーがスタックし、レイヤーごとに長さやタイミングなどを設定できます。

■Adobe Expressの動画編集タイムライン

1行の映像のタイムラインと音声のタイムラインが表示され、再生ヘッドがある部分のビデオクリップのレイヤースタックが画面右側に表示されます。
オブジェクトの表示される長さやタイミングはレイヤー上で選択したオブジェクトごとに指定できます。

ビデオクリップ上にオブジェクトを配置すると、配置したオブジェクトは、そのビデオクリップのレイヤースタック上に常に表示された状態となりますが、各オブジェクトの表示時間やタイミングはレイヤーごとに調整することができます。これについては、166ページで説明します。

Section 06

オブジェクトの表示タイミングを調整しよう

映像の上に配置したテキストやデザイン素材について、
レイヤーごとに表示するタイミング／時間を調整できます。

オブジェクトの表示タイミングを調整する

 ビデオクリップ上にテキストやデザイン素材などのオブジェクトを配置していきます❶。
この段階では、そのビデオクリップが表示されている間、すべてのオブジェクトが表示された状態になります。

② 表示タイミングを調整したいレイヤーをクリックして選択します。
タイムライン下部に表示される「レイヤーの表示時間を調整」のトグルボタンをオンにします②。

③ タイムライン上のビデオクリップの上に、オブジェクトのトラックが表示されます。この端部をドラッグすることで長さを調整し、トラック自体を左右に移動させることで、表示されるタイミングを調整します③。
この操作をオブジェクトごとに設定します。

💡 タイムライン上には、各オブジェクトの表示開始タイミングが紫色の円で示されるようになります。

④ タイムライン以外の任意の箇所をクリックすると、変更が適用されます④。

Section 07

BGM／ナレーションを設定しよう

映像にさまざまな音源を設定することができます。自分で用意した音源を追加するほか、Adobe Expressでは、映像に使用可能な音源も用意されています。

BGMの設定とは？

映像にBGMを追加することができます。
自分で用意した音源を追加するほか、Adobe Expressでは、映像に使用可能な音源も用意されています。
また、ナレーションを入れたい場合など、映像を再生しながら、マイクを使って音声を吹き込むことも可能です。
元の映像に入っていた音声の音量を変更したり、オリジナルの音声を削除してBGMやナレーションだけが流れるようにしたりすることもできます。

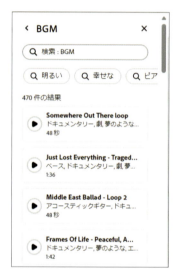

Adobe Express上で利用可能な音源の例

オリジナルの音源を取り込む

自分で用意したMP3ファイルなどの音源を取り込むことができます。
メインメニューから「メディア」をクリックし❶、「デバイスからアップロード」をクリックします❷。

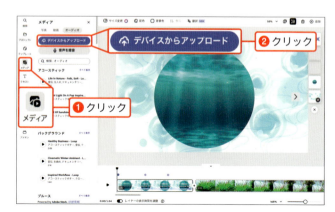

② 音源のファイルを選択し、「開く」をクリックします❸。

③ タイムラインの映像コンテンツの下に音源ファイルが配置されます❹。
なお、長さは映像ファイルの長さに合わせてトリミングされます。音源の方が長い場合、映像を追加すると音源の再生時間もその分増加します。

映像に合わせて音声を録音する

① 自分の声などの音声を映像に合わせて取り込むことができます。
音声をスタートしたい位置まで再生ヘッドをドラッグします❶。

169

② メインメニューの「メディア」をクリックし❷、サブメニューで「オーディオ」のタブをクリックします❸。

③ 「音声を録音」をクリックします❹。

💡 ブラウザでマイクのアクセス権を確認された場合、「許可」をクリックしてください。

④ マイクのマークが表示されます。音が聞こえると音量のインジケーターが変化する状態になれば音を取り込む準備が完了です。
「収録開始」をクリックすると❺、3秒のカウントダウンが始まるので、「0」になったタイミング以降でマイクに向かって音声を発します。
この間、カンバスにタイムラインの映像も再生されます。ナレーションなどを吹き込む場合などには、映像を見ながらタイミングを合わせましょう。

⑤ 録音を終えるときには、「収録停止」をクリックすると❻、録音が終了し、オーディオクリップがタイムライン上に表示されます。

メディアのオーディオを取り込む

① メインメニューの「メディア」をクリックしたあと❶、サブメニューで「オーディオ」のタブをクリックします❷。

② 表示されるオーディオファイルの ▶ をクリックすると、音楽を確認することができます。好きな音源を選び、クリックします❸。

③ 選択したオーディオクリップがタイムライン上に表示されます❹。

オーディオクリップのボリュームを調整する

① タイムライン上でオーディオクリップをクリックして選択します❶。

② サブメニューに「ボリューム」のスライダが表示されるので、ドラッグしてボリュームを調整します❷。

ビデオクリップの音量を調整／削除する

① ビデオクリップに入っていた音声の音量を下げたり、削除したりすることができます。
カンバス上で、音量を調整したい動画をクリックして選択します❶。

② サブメニューに「ボリューム」のスライダが表示されます。オリジナルの音量が100%なので、ここからスライダで音量を下げることができます❷。

💡 ビデオクリップ中の音声を削除したい場合、「スピーカーのマーク」をクリックすると、動画ファイルの音声を消すことができます。

オーディオクリップを削除する

① タイムライン上でオーディオクリップを右クリックすると、メニューが表示されます。「削除」をクリックします❶。

② オーディオクリップが削除されます❷。

Section 08

動画の色調を編集しよう

画像ファイルと同様に、動画全体の色調を補正することができます。

動画の色調を補正する

① カンバス上で色調を補正したい動画をクリックして選択し❶、サブメニューから「色調補正・ぼかし」をクリックします❷。

画像ファイルの「色調補正・ぼかし」の調整と同様に（120ページ参照）、スライダを動かして調整を行います❸。

ビデオクリップ全体の色調が変更されます❹。

動画も画像と同様に編集が可能

「色調補正・ぼかし」のほかにも、画像ファイルと同様な編集を映像でも行うことができます。
不透明度の変更や、効果（モノクロームや二階調化など）、反転などの操作も可能なので、色々と試してみましょう。

動画を書き出そう

Adobe Express上で編集した動画をMP4ファイルに書き出すことができます。

動画の書き出しとは？

タイムライン上で編集を行った動画を、MP4ファイルに書き出すことができます。ファイルの書き出しを行うことで、Adobe Expressの編集画面以外でも動画を表示し たり、ほかの人と動画を共有したりできるようになります。Adobe Expressで書き出しが行えるファイル形式はMP4のみです。

動画をMP4で書き出す

① 上部のメニューから「ダウンロード」をクリックします❶。

② ファイル形式が「MP4 (動画、オーディオ、アニメーション向け)」になっていることを確認します。異なる場合は、ブルダウンからMP4を選択します❷。

③ 必要に応じて、ビデオ解像度を選択します❸。
なお、解像度の変更はプレミアムプランでのみ可能です。

④ 「ダウンロード」をクリックすると❹、ダウンロードが開始します。
ダウンロードフォルダにMP4ファイルがダウンロードされます。

Section
10

テンプレートを活用しよう

テンプレートを動画の導入や場面転換の印象的な映像として使用したり、映像の一部を入れ替えてオリジナルの動画を制作したりすることができます。

BEFORE ダウンロードしたテンプレート動画　AFTER オリジナルの動画に

テンプレートから動画を編集する

① Adobe Expressのホーム画面で、「動画」をクリックし❶、作成したい動画（Instagramリール、TikTok動画など）のアイコンをクリックします❷。
なお、白紙のキャンバスからテンプレートを読み込むこともできます。

② 選択した動画の種類にあったテンプレートが表示されます。検索ボックスや▽（絞り込み）を使い、使用したいテンプレートを選んでクリックします③。

💡 動画やアニメーションなど、タイムラインのあるテンプレートにカーソルを合わせると、テンプレートの時間が表示され、サムネイルで動画を確認できます。

③ タイムラインにテンプレートの動画が配置されます。再生ボタンをクリックし、動画全体を確認して、自分の作りたい動画にするために必要なもの／不要なものを確認しましょう④。

④ タイムライン上のテンプレートの映像を、自分で用意したオリジナル映像と入れ替えます。レイヤースタック上でテンプレートの映像レイヤーを選択し、サブメニューパネルから🔀（置換）をクリックします⑤。

⑤ 表示されるメニューから「アップロードして置換」をクリックし❻、置換する映像を選択します。

⑥ 動画が置換されます。154ページ〜175ページを参考に、動画の長さや色調など、ビデオクリップを編集しましょう❼。

⑦ テキストやオブジェクトも自由に編集や削除、追加ができます。また、オーディオクリップも変更できます。
162ページ〜175ページを参考に編集を加えていきましょう❽。

テンプレートからオリジナルの動画が作成できます。

Chapter 7

YouTubeで Adobe Expressを活用しよう

ここまでに学んできた画像／動画制作の基本操作を活用し、YouTubeでの動画や、サムネイルなどの画像を作成し、YouTubeへ投稿してみましょう。

YouTube用の動画を作成して投稿してみよう

Adobe ExpressでYouTubeに活用できること

YouTubeチャンネルで動画投稿やページ作成を行う際、下記のような箇所でAdobe Expressを活用することができます。

Adobe Expressでは、下記のほか、「YouTubeディスプレイ広告」「YouTube動画広告」といったプリセットも用意されています。

YouTubeチャンネルのトップページの要素とChapter 7の各Sectionの対応

番号	内容	ページ
❶	YouTube動画の作成	Section 01（184ページ）
❷	YouTube動画サムネイルの作成	Section 02（188ページ）
❸	YouTubeショート動画の作成	Section 04（194ページ）
❹	YouTubeバナーの作成	Section 05（196ページ）
❺	YouTubeプロフィール画像の作成	Section 06（202ページ）

動画／画像はダウンロードして投稿する

Adobe Expressから直接YouTubeに投稿することはできません。制作した動画や画像を、YouTubeに適した形式でダウンロードしたあとに、YouTubeのサイトにアップロードする必要があります。
Adobe Expressでは、YouTubeの動画に適する形式（mp4）や、画像に適した形式（JPG、PNG）でのファイルダウンロードが可能です。この章では、各方式でダウンロードしたのち、YouTubeにアップロードする方法についても解説します。

▣ Adobe Expressにて動画や画像を作成し、いったん自分のPCにダウンロードしたのち、YouTubeにアップロードする

テンプレートを使えば動画も静止画も作成しやすい

Adobe Express内には、YouTube動画のほか、YouTube動画サムネイル、YouTubeバナー、YouTubeプロフィール画像のテンプレートも用意されています。
たとえば、「YouTubeバナー」画像のテンプレートでは、多様な機器で閲覧した場合にも見やすいレイアウトで配置されているなど、容易にサイトに合った画像／動画を作成することができます。

▣ YouTube用のテンプレートだけでも、たくさんの種類が用意されている

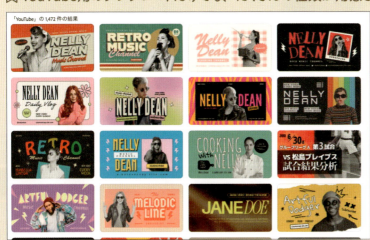

Section 01

YouTube用の動画を作ろう

Chapter 6で学習した動画編集の手順を組み合わせたり、テンプレートを活用したりして、YouTubeに投稿する動画を作りましょう。

YouTube用の動画とは?

YouTubeに投稿可能な動画のサイズやアスペクト比は非常に柔軟です。基本的なガイドラインを右の表に示します。

仕様	詳細
アスペクト比	「16:9」がもっとも一般的なアスペクト比です。ほかのアスペクト比もサポートされていますが、再生時に画面の左右または上下に黒い帯が表示されることがあります。
解像度とサイズ	最小解像度が426×240px (240p)、最大解像度が3840×2160px (4K) になります。
ファイル形式	もっとも一般的なのはMP4で、ほかにもMOV、AVI、WMVなどがサポートされています。
アップロードサイズ制限	個々の動画ファイルのサイズは最大256GBまで、または最大12時間までです。

YouTube動画用のファイルを新規作成する

① Adobe Expressのホーム画面上部の「SNS」をクリックし❶、「YouTube」のタブをクリックします❷。
表示されたYouTube用のプリセットの中から、「YouTube動画」をクリックします❸。

② 1920×1080pxの白紙のカンバスとタイムラインが表示されます ❹。
また、サブメニューには、「YouTube動画」用のテンプレートが表示されます。

❹ ファイルが作成された

③ 左上の「無題 -0000年00月00日」と書かれた部分をクリックし、ファイル名を入力しましょう ❺。

❺ ファイル名を入力

YouTube用に動画を編集する

① メインメニューで「アップロード」をクリックし ❶、取り込みたい動画ファイルを選択します ❷。

❶ クリック
❷ ファイルを選択

② 動画が取り込まれます。
Chapter 6（150ページ）で学習した操作を組み合わせて、取り込んだ動画を編集します❸。
YouTube動画の制作によく使用する操作と参照先を次のページの【コラム】にまとめています。

❸ 動画を編集

動画をダウンロードする

① YouTubeに投稿する場合、Adobe Expressで作成した動画をmp4形式でダウンロードする必要があります。
編集画面上部の「ダウンロード」をクリックし❶、ファイル形式が「MP4」になっていることを確認したあと❷、「ダウンロード」をクリックします❸。

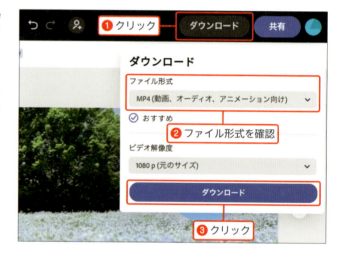

② PCのダウンロードフォルダに動画がダウンロードされます❹。

COLUMN

YouTube動画作成でよく使用する操作

Chapter 6で学んだ操作から、下記のような操作を組み合わせてみましょう。なお、表内のSection番号はすべてChapter 6のものです。

操作	参考ページ	Before	After
動画を短くする	Section 02 (155ページ)		
複数のシーンをつなげる	Section 02 (156ページ)		
再生速度を変更する	Section 04 (160ページ)	速度 100%	速度 50%
ロゴやウォーターマークを追加する	Section 05 (162ページ)		
音声を消してBGMを追加する	Section 07 (168ページ)		
色調を変更して雰囲気を変える	Section 08 (174ページ)		
テンプレートから動画を作成する	Section 10 (178ページ)	My Outfit Everyday with Alexa King	Tokyo 花めぐり

YouTubeのサムネイルを作ろう

サムネイルを作成しなくても動画投稿は可能ですが、サムネイルを作成すると、自分のチャンネルの雰囲気を揃えたり、動画のポイントを視覚的に伝えたりできます。

YouTubeの「サムネイル」とは？

YouTubeの「サムネイル」は、YouTubeの検索結果やチャンネルのページなどに表示される、動画のプレビュー画像です。

YouTubeでは、サムネイル画像を作成しない場合、動画の一部の画面がプレビュー画像として表示されます。

このため、サムネイルの作成は必須ではありませんが、自分のチャンネルの雰囲気を揃えたり、動画のポイントを視覚的に伝えたりするのにサムネイルは効果的です。

YouTubeサムネイル用のファイルを作成する

Adobe Expressのホーム画面上部の「SNS」をクリックし❶、「YouTube」のタブをクリックします❷。
表示されたYouTube用のプリセットの中から、「YouTubeサムネイル」をクリックします❸。

② 1280×720pxの白紙のカンバスが表示されます❹。
なお、サブメニューには、「YouTube サムネイル」用のテンプレートが表示されます。

❹ 白紙のカンバスが作成された

③ 左上の「無題 -0000年00月00日」と書かれた部分をクリックし、ファイル名を入力しましょう❺。

❺ ファイル名を入力

サムネイル画像を作成する

① メインメニューで「アップロード」をクリックし❶、取り込みたい画像ファイルを選択します❷。

❶ クリック
❷ ファイルを選択

② 取り込んだ画像を編集します❸。Chapter 5で学習した画像編集の方法を使って編集していきましょう。
なお、よく使用する操作と参照先を次のページの【コラム】にまとめています。

❸ 画像を編集

サムネイル画像をダウンロードする

① YouTubeに投稿する場合、Adobe Expressで作成したサムネイル画像を「PNG」か「JPG」形式でダウンロードする必要があります。
編集画面上部の「ダウンロード」をクリックし❶、ファイル形式が「PNG」か「JPG」になっていることを確認し❷、「ダウンロード」をクリックします❸。

② PCのダウンロードフォルダに画像がダウンロードされます❹。

COLUMN

YouTube サムネイル画像作成でよく使用する操作

Chapter 5で学んだ操作から、下記のような操作を組み合わせてみましょう。なお、表内のSection番号はすべてChapter 5のものです。

操作	参考ページ	Before	After
画像の色調を調整する	Section 02 （120ページ）		
フィルターで雰囲気を変える	Section 04 （126ページ）		
画像をトリミングする／さまざまな形に切り抜く	Section 05 （128ページ）		
画像に文字や素材を追加する	Section 08 （136ページ）		
テンプレートを利用する	Section 10 （142ページ）		

Section 03

YouTubeに動画を投稿しよう

184ページで作成した動画と、188ページで作成したサムネイル画像を使って、YouTubeへ動画投稿を行ってみましょう。

動画をYouTubeにアップロードする

① YouTubeで自分のページを開き、画面右上にある「作成」をクリックし❶、プルダウンから「動画をアップロード」をクリックします❷。

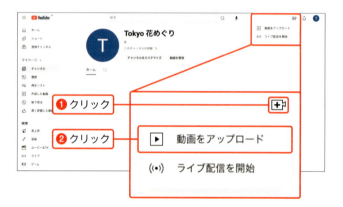

② 「動画のアップロード」のポップアップが表示されるので、ダウンロードした動画のmp4ファイルをドラッグ&ドロップしてアップロードします❸。

③ 動画のタイトルや説明の入力画面が表示されるので、必要事項を入力します❹。

④ サムネイル欄の「ファイルをアップロード」をクリックし❺、作成したサムネイルをアップロードします❻。
なお、「サムネイル」欄には、アップロードした動画の場面の一部が表示されています。サムネイルを自分で作成しない場合、この画像のいずれかを選択します。

> 💡 カスタムサムネイルを使用する場合、電話番号の入力を求められます。初回は、電話番号を入力し、メッセージで受け取った認証コードを入力しましょう。

⑤ 「次へ」をクリックしていき、「公開設定」で「公開」を選択し❼、右下の「公開」をクリックすると❽動画が公開されます。

Section 04

YouTubeショート用の動画を作ろう

縦型で短時間の動画、YouTubeショート動画を編集しましょう。

YouTubeショート動画とは？

YouTubeショートは、最大60秒の短編動画機能です。縦型（縦長）の動画が一般的で、スマートフォンでの視聴に最適化されています。

「ショート」セクションで短編動画が推薦され、ユーザーが新たなコンテンツを発見しやすいようになっています。

YouTubeショート動画用のファイルを作成する

① Adobe Expressのホーム画面上部の「SNS」をクリックし❶、「YouTube」のタブをクリックします❷。
表示されたYouTube用のプリセットの中から、「YouTubeショート」をクリックします❸。

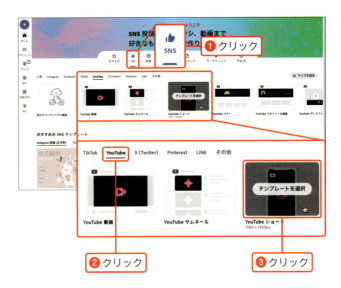

② 1080×1920pxの縦長の白紙のカンバスとタイムラインが表示されます❹。
左上の「無題 -0000年00月00日」と書かれた部分をクリックし、ファイル名を入力しましょう❺。

❹ファイルが作成された
❺ファイル名を入力

YouTube用に動画を編集／ダウンロードする

① Section 01（184ページ）と同様に、動画を編集します❶。動画は60秒以内になるようにします。

❶動画を編集

② 「MP4」形式の動画をダウンロードします❷。

❷クリック

YouTube用のバナーを作ろう

「YouTubeチャンネルアート」とも呼ばれるバナーを作成しましょう。

YouTubeのバナーとは？

YouTubeバナー（チャンネルアート）とは、YouTubeチャンネルのトップページに表示される大きな横長の画像のことです。訪問者にチャンネルのテーマやブランドを一目で伝える役割を持っています。

YouTubeバナーの推奨サイズ

YouTubeのバナーでは、2560×1440pxサイズの画像が推奨され、最小サイズは、2048×1152pxです。
6MB以下の画像を設定することができます。
表示される領域は、次表のように表示するデバイスによって異なります。
ゲーム機なども含めたすべてのデバイスで表示される領域は、画像中央部の1235×338pxの「セイフティゾーン」と呼ばれる領域になります。必要な情報はこの範囲に収めるようにしましょう。テンプレートは、この領域に必要な情報が納まるように設定されているものが多いため、テンプレートを活用してバナーを作成していきましょう。

デバイス	バナーサイズ
TV向け	2560×1440px
PC向け	2560×423px
タブレット向け	1855×423px
スマホ向け	1546×423px

テンプレートからYouTubeバナーを作成／ダウンロードする

① Adobe Expressのホーム上部にある検索バーで、プルダウンから「テンプレート」を選択し❶、「YouTube banner」と入力して Enter キーを押します❷。

② テンプレートの一覧が表示されます。イメージに近いものを選択してクリックします❸。

③ 「このテンプレートを使用」をクリックすると、2560×1440pxのカンバスが作成され、選択したテンプレートが表示されます❹。
左上のファイル名を入力します❺。

④ Chapter 5のSection10（142ページ）を参照して、テンプレートを編集します❻。

 多くのテンプレートでは、タイトルなどの重要な要素が、安全領域に配置されるようレイアウトされています。文字の位置などを大きく変更しないよう気を付けましょう。

❻テンプレートを編集

⑤ 画像が完成したら、Section 02（190ページ）と同様に画像をダウンロードします❼。

白紙のカンバスから作成する場合

テンプレートを使用せずに白紙のカンバスからバナーを作成することもできます。Adobe Expressのホーム画面上部の「SNS」をクリックし、「YouTube」のタブをクリックします。
表示されたYouTube用のプリセットの中から、「YouTubeバナー」をクリックすると、2560×1440px（16:9）の白紙のカンバスが作成されます。

YouTubeに画像をアップする

① YouTubeでバナーを設定したいチャンネルのアカウントに切り替えて、右上のアイコンをクリックします❶。
表示されたメニューから「YouTube Studio」をクリックします❷。

② 表示されたページ左側にあるメニューから「カスタマイズ」をクリックします❸。

③ 「チャンネルのカスタマイズ」のページで「プロフィール」のタブをクリックします❹。

④ 「バナー画像」の項目の横にある「アップロード」をクリックし❺、作成した画像をアップロードします。

⑤ 「バナーアートのカスタマイズ」として、各デバイスで表示可能な領域が示されます。
「すべてのデバイスで表示可能」な領域に必要な情報が入っていることを確認します❻。

💡 「テレビで表示可能」などと書かれた場所にカーソルを合わせると、デバイスごとの表示イメージを確認できます。

⑥ 表示サイズや切り取る領域を変更したい場合、微調整が可能です。バナーアートの四隅をドラッグし、表示サイズを変更します❼。
また、その四角の内部にカーソルを合わせてドラッグすると、表示領域を動かして微調整できます。

7 「完了」をクリックします❽。

8 画面右上の「公開」をクリックすると❾、バナーが適用されます。

9 画面右上の「チャンネルを表示」をクリックします❿。

10 自分のページが表示され、バナーが設定されます⓫。

Section 06

YouTube用のプロフィール画像を作ろう

YouTube動画に表示されるプロフィール画像を作成しましょう。

YouTubeのプロフィール画像とは？

YouTubeの「プロフィール画像」は、チャンネルのアイコンとして使用される小さな画像です。コメント欄や、チャンネルページ、動画のサムネイルの隣などに表示されます。

YouTubeプロフィール画像のサイズ

98×98px以上、4MB以下の画像を使用します。PNGまたはGIF（アニメーションなし）ファイルを使用してください。
推奨サイズは800×800pxで、丸く切り抜かれます。

YouTubeプロフィール画像用のファイルを作成する

1 Adobe Expressのホーム画面上部の「SNS」をクリックし❶、「YouTube」のタブをクリックします❷。
表示されたYouTube用のプリセットの中から、「YouTubeプロフィール画像」をクリックします❸。

2 800×800pxの白紙のカンバスが表示されます❹。
左上の「無題 -0000年00月00日」と書かれた部分をクリックし、ファイル名を入力しましょう❺。

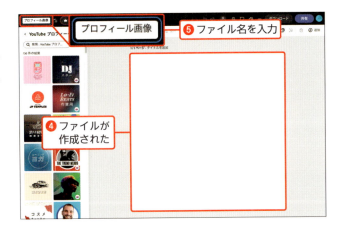

YouTube用にプロフィール画像を編集／ダウンロードする

1 Chapter 5の操作を組み合わせ、画像を作成します❶。
また、サブメニューにはテンプレートが表示されているので、テンプレートを活用してもよいでしょう。

> Section 05で作成したバナーとフォントや配色を合わせるとページに統一感が出ます。

② 画像をダウンロードします❷。

YouTubeにプロフィール画像を設定する

① 199ページの手順①〜手順③の方法で、YouTubeの「チェンネルのカスタマイズ」ページの「プロフィール」タブを開きます❶。

② 「写真」の項目の「アップロード」をクリックし、作成した画像をアップロードします❷。

画像の周囲に青い円が表示されます。この円の内側がプロフィール画像として表示される領域です。

表示範囲を変更したい場合、四隅をドラッグすると、表示サイズを変更できます❸。また、その四角の内部にカーソルを合わせてドラッグすると、表示領域を動かして微調整できます。

❸ サイズと位置を調整

 「完了」をクリックします❹。

⑤ 画面右上の「公開」をクリックします❺。

画面右上の「チャンネルを表示」をクリックします❻。

自分のページが表示され、プロフィール画像が設定されていることが確認できます❼。

 プロフィール画像が反映されない場合

YouTubeでプロフィール画像を変更しても反映されない場合があります。次のような対処を実施してみてください。

原因	対処法
画像が推奨フォーマット/サイズと異なる場合	YouTubeで使用できる画像はJPG、PNG、GIFなどとされています。また、画像サイズが98×98px以上、4MB以下になっていることを確認しましょう。
ブラウザのキャッシュやクッキーが原因で古い情報が表示される場合	ブラウザからキャッシュのクリアを行ってみましょう。
反映までに時間がかかっている場合	YouTubeのサーバーの問題で反映に時間が掛かる場合があります。数時間から最大で数日かかることもあります。
「公開」をクリックし忘れた場合	画像のアップロードを行っても、205ページの手順⑤の「公開」をクリックしないと反映されません。

Chapter

8

InstagramでAdobe Expressを活用しよう

ここまでに学んできた画像／動画制作の基本操作を活用し、Instagramのフィード投稿用の画像や動画のほか、ストーリーズやリール向けの動画を作成しましょう。

Instagram用の画像や動画を作成して投稿してみよう

この章で学ぶこと

Adobe ExpressでInstagramに活用できること

Instagramで投稿を行う際、下記のような箇所でAdobe Expressを活用することができます。Adobe Expressでは、このほかにも、Instagramストーリーズ広告やInstagram広告用のプリセットも用意されています。

Instagramのトップページの要素とChapter 8の各Sectionの対応

番号	内容	解説ページ
❶	Instagramフィード投稿用の画像の作成	Section 01（210ページ）
❷	Instagramカルーセル（複数投稿）用の画像の作成	Section 02（214ページ）
❸	Instagramプロフィール画像の作成	Section 07（232ページ）
❹	Instagramストーリーズ用の画像／動画の作成	Section 08（236ページ）
❺	Instagramリール用の画像／動画の作成	Section 09（240ページ）

Adobe ExpressからInstagramへ直接投稿も可能

Instagramは、PCからの投稿が可能となり、PCで編集した画像や動画を、PCからそのままInstagramにアップできるようになりました。
さらに、Adobe ExpressとInstagramを連携させると、Adobe Expressの編集画面から直接Instagramに投稿を行うこともできます。Adobe Expressからは、フィード、リール、ストーリーズを投稿可能です。連携するためには、Instagramをプロアカウントに設定する必要があります。
なお、ストーリーズはInstagramビジネスアカウントのみに対応しています。

□ Adobe ExpressからPCにダウンロードしてPC版Instagramから投稿できる。また、Adobe Expressから直接投稿することもできる

豊富なテンプレート

Adobe Expressには、フィード投稿やカルーセル投稿、リール、ストーリーズなど、投稿タイプに応じた豊富なテンプレートが用意されています。
検索や絞り込み機能を使い、イメージに近いテンプレートから画像や動画を作成することができます。

□ 左からフィード投稿用、ストーリーズ用、リール用のテンプレート

Section 01
Instagramフィード投稿用の画像を作ろう

まずはInstagramの基本的なフィード用の画像を作成しましょう。

Instagramフィード投稿とは？

Instagramのフィード投稿は、ユーザーのプロフィールページのメインフィードに表示される写真や動画を投稿する機能です。
さまざまなアスペクト比での投稿が可能ですが、サムネイルは正方形で表示されます。画像の解像度は最小600×600pxから最大1936×1936pxを推奨しています。
また、動画は最長60秒まで投稿可能です。

1回の投稿につき、最大10枚の写真または動画を一緒にアップロードすることができます（カルーセル投稿は214ページで解説します）。

Instagramフィード投稿用のファイルを作成する

Adobe Expressのホーム画面上部の「SNS」をクリックし❶、「Instagram」のタブをクリックします❷。
表示されたInstagram用のプリセットの中から、「Instagram 投稿（正方形）」をクリックします❸。

② 1080×1080pxの正方形の白紙のカンバスが作成されます❹。
サブメニューには、「Instagram投稿（正方形）」用のテンプレートが表示されます。

❹白紙のカンバスが作成された

③ 左上の「無題 -0000年00月00日」と書かれた部分をクリックし、ファイルに名前を付けましょう❺。

❺ファイル名を入力する

Instagram用に画像を編集する

① メインメニューで「アップロード」をクリックし❶、取り込みたい画像ファイルを選択して❷、「開く」をクリックします❸。

❶クリック
❷選択
❸クリック

② Chapter 5で学習した操作を組み合わせて、取り込んだ画像を編集します❹。よく使用する操作と参照先を次のページにまとめています。

❹画像を編集

画像をダウンロードする

① Instagramに投稿する場合、Adobe Expressで作成した画像をPCにダウンロードしてから投稿する方法と、Adobe Expressから直接投稿する方法があります。
ダウンロードを行う場合、編集画面上部の「ダウンロード」をクリックし❶、ファイル形式を選択し❷、「ダウンロード」をクリックします❸。

② PCのダウンロードフォルダに画像がダウンロードされます❹。

❹ダウンロードされた

212

COLUMN

Instagramフィード画像作成に使いやすいツール

Instagramのフィード画像に参考になる本書のSectionを次表にまとめます。

操作	参考ページ	Before	After
画像の色調を調整する	Chapter 5 Section 02 （120ページ）		
フィルターで雰囲気を変える	Chapter 5 Section 04 （126ページ）		
画像をトリミングする／さまざまな形に切り抜く	Chapter 5 Section 05 （128ページ）		
画像に文字や素材を追加する	Chapter 5 Section 08 （136ページ）		
テンプレートを利用する	Chapter 5 Section 10 （142ページ）		
配色を変更する	Chapter 5 Section 10 （145ページ）		

8　InstagramでAdobe Expressを活用しよう

213

Section 02
Instagramカルーセル用の画像を作ろう

Instagramでは複数の画像をフィードに投稿することができます。
Adobe Expressを使うと、テイストの揃った複数の画像もかんたんに作成できます。

Instagramカルーセルとは？

Instagramカルーセルは、1つの投稿で複数の写真や動画（最大10枚）をアップロードできる機能です。
写真と動画を混在させて投稿することが可能ですが、すべてのメディアは同じアスペクト比である必要があります。各動画の長さは、最大60秒です。
Adobe Expressでは、Instagramカルーセル用に、複数枚で構成されたテンプレートも用意されています。

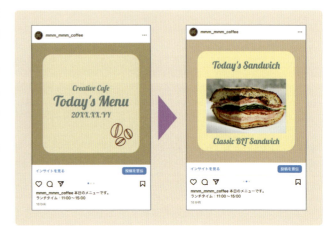

Instagramカルーセル用のファイルを作成する

Adobe Expressのホーム画面上部の「SNS」をクリックし❶、「Instagram」のタブをクリックします❷。
表示されたInstagram用のプリセットの中から、「Instagram カルーセル」をクリックします❸。

② 1080×1080pxの正方形の白紙のカンバスが作成されます❹。
左上の「無題 -0000年00月00日」と書かれた部分をクリックし、ファイルに名前を付けましょう❺。

テンプレートを使ってInstagramカルーセル用画像を作成する

① サブメニューにInstagramカルーセル用のテンプレートが表示されます。▽（絞り込み）をクリックし❶、ライセンス（無料／プレミアム）、スタイル、種類（アニメーション／複数ページ／動画）などの条件をチェックして絞り込みます❷。

② テンプレートの上にカーソルを合わせると、複数ページのプレビューが再生されます。使用したいテンプレートをクリックすると❸、テンプレートがカンバス上に配置されます❹。

💡 テンプレートにカーソルを合わせると、左上に「1/●」のように、何枚組の画像からなるテンプレートかが示され、全ページがプレビューされます。

③ テンプレートを編集します❺。

④ 複数枚から構成されているテンプレートでは、編集画面左右の端に表示される「＜」「＞」をクリックすることで、別のページを編集できます。
また、編集画面上部の ❻ をクリックすると❻、同じファイル内に含まれる画像の一覧を確認できます。

⑤ 編集したいページをクリックし❼、手順③と同様にほかのページも編集していきます。

⑥ 同じテンプレートや、作成した画像の一部を入れ替えて別の画像を作成したい場合、そのページを複製して編集を行うことができます。
右上の「追加」をクリックし❽、「複製」をクリックします❾。

⑦ 画像が複製されます。画像の「置換」などの機能を活用し、画像を編集します❿。

白紙のページから複数枚の画像を作成する

① 214ページの方法で白紙のカンバスを作成後、メインメニューで「アップロード」をクリックし❶、取り込みたい画像ファイルを選択して❷、「開く」をクリックします❸。

② 取り込んだ画像を編集します❹。

③ 白紙のページを追加します。右上の「追加」をクリックし❺、表示されたメニューから「同じサイズ」をクリックします❻。

④ 白紙のページが追加されます❼。同様に画像ファイルをアップロードして編集を行います。

❼ 白紙のページが追加された

複数枚の画像をダウンロードする

① ダウンロードを行う場合、編集画面上部の「ダウンロード」をクリックし❶、ページ選択で「すべてのページ」を選択します❷。

ファイル形式を選択後❸、「ダウンロード」をクリックします❹。
PCのダウンロードフォルダにzipファイルがダウンロードされます。

ファイル内の複数ページの編集について

Adobe Expressでは、1つのファイルの中に、複数のページを作成することができます。カンバスサイズやファイル形式（画像／動画）が異なるものも、1つのファイル内で作成可能です。
ページを追加する際には、カンバス右上の「追加」をクリックすると、次の3つのアクションが選べます。

メニュー名	内容
同じサイズ	表示中のページと同じサイズの白紙のカンバスが作成されます。
サイズを指定	縦横のピクセル数を指定して白紙のカンバスを作成できます。
複製	表示中のページと同じページが複製されます。 バージョン違いを残す場合や、同じ形式の画像を作成する際に便利です。

（すべてのページを表示）をクリックすることで、ファイル内のすべてのカンバスを確認できます。

Section 03

画像をダウンロードして
Instagramに投稿しよう

投稿用の画像や動画を用意したら、Instagramに投稿しましょう。
ここでは、画像をダウンロードしてPCからInstagramに投稿する方法を説明します。

Instagramへの投稿方法

Instagramでは、以前はスマートフォンからのみの投稿が可能でしたが、2021年より、PCからの投稿もサポートされるようになりました。

また、Adobe ExpressとInstagramの連携を行うと、Adobe Expressから直接Instagramに投稿を行うこともできます。Adobe Expressから投稿を行えるのは、フィード、カルーセル、リール、ストーリーズです。Adobe Expressから直接投稿する方法は222ページ以降で解説します（なおライブビデオは直接投稿できません）。

PCからのInstagram投稿画面

ダウンロードして投稿する

① Instagramのトップページ(https://www.instagram.com/)から、左端のメニューにある「作成」をクリックします❶。メニューが表示された場合、「投稿」をクリックします❷。

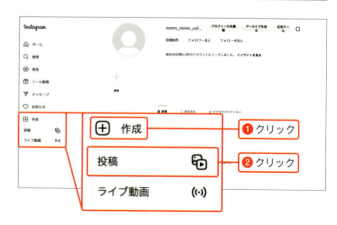

② 「ここに写真や動画をドラッグ」という
ポップアップが表示されるので、投稿し
たい写真や動画をドラッグ＆ドロップし
ます❸。
カルーセル投稿（複数枚投稿）したい場
合は、複数枚をまとめてドラッグ＆ド
ロップします。

③ 写真が取り込まれます。「次へ」をクリッ
クしていきます❹。

④ キャプションや位置情報、ALTなどを記
載し❺、「シェア」をクリックします❻。

⑤ フィードに投稿が行われます❼。

Adobe ExpressとInstagramの連携の準備をしよう

Adobe ExpressとInstagramを連携させると、Adobe ExpressからInstagramに直接投稿できるようになります。まずは連携の準備を行いましょう。

Adobe ExpressとInstagramを連携させる準備

Adobe ExpressとInstagramを連携させるためには、Instagramをプロアカウント（ビジネスアカウントかクリエイターアカウント）にし、Facebookと連携する必要があります。
ここではInstagram側の設定方法について説明します。すでにプロアカウントをお持ちで、Facebookと連携されている場合は、Section 05（228ページ）に進みましょう。

PCからのInstagram投稿画面

Instagramをプロアカウントにし、Facebookと連携させる

1　スマートフォンでInstagramアプリを開き❶、右下にあるプロフィールアイコンをタップします❷。

　PCでのInstagramの操作では、表示されないメニューがあるため、必ずスマートフォンから操作を行ってください。

❶アプリを開く
❷タップ

② プロフィール画面の右上にある （メニュー）をタップします❸。

③ メニュー内で「アカウントの種類とツール」をタップします❹。

④ 「プロアカウントに切り替える」をタップします❺。
「次へ」が表示されたらタップして先に進みましょう。

⑤ プロアカウントのカテゴリ候補が表示されます。自分のアカウントの業種に近いものをタップし⑥、「完了」をタップします⑦。

⑥ タップして選択

⑦ タップ

⑥ 「クリエイター」か「ビジネス」から、近いものをタップし⑧、「次へ」をタップします⑨。どちらのアカウントでもAdobe Expressとの連携が可能ですが、一部の機能は「ビジネス」アカウントでのみ可能です。

⑧ タップして選択

⑨ タップ

⑦ プロモーションメールを受け取るかどうかをタップして選択します⑩。「次へ」をタップします⑪。

💡 ビジネスアカウントの場合、ビジネス用の連絡先の入力を求められます。入力せずに次に進むことも可能です。
また、「Facebookにリンク」という画面が表示された場合には、いったん「スキップ」をタップして、設定を進めても問題ありません。

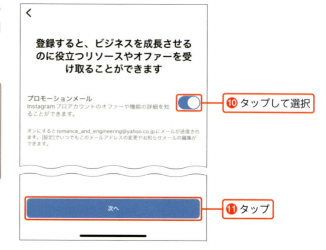

⑩ タップして選択

⑪ タップ

⑧ 「プロアカウントを設定する」と表示され、複数のサジェスチョンが示されます。あとでも設定できるので×をタップして画面を閉じます⓬。

⑨ さらに、FacebookページとInstagramページを連携させます。
ホーム画面の「プロフィールを編集」をタップします⓭。

⑩ プロフィール編集画面で「ページ」をタップします⓮。

⑪ 「Facebookページをリンクまたは作成」と表示されるので「次へ」をタップします❶⓯。

⑫ 「Facebookにログイン」をタップします❶⓰。
ポップアップが表示された場合には「続ける」をタップします。

⑬ 紐づけるFacebookアカウントを選択してタップします❶⓱。

💡 この画面が表示されない場合、そのまま次のステップに進んでください。

⑭ Facebookページが表示されます。クリエイターアカウント用に作成する場合、「新しいFacebookページを作成」をタップし⑱、新規ページを作成します。

> 💡 すでに紐づけたいページが標示されている場合は、それを選択し、「リンクする」をタップします。

⑱ タップ

⑮ 新規に作成するFacebookのページ名を入力し⑲、カテゴリを選択します⑳。「作成」をタップします㉑。

⑲ ページ名を入力
⑳ カテゴリを選択
㉑ タップ

⑯ プロフィールの編集画面に戻ります。Facebookページが連携されます㉒。

> 💡 手順⑩の操作で「ページ」欄を開くと、Facebookページが連携されていることを確認できます。

㉒ 連携された

227

Section 05
Adobe ExpressとInstagramを連携しよう

Instagram側の準備ができたら、Adobe ExpressとInstagramを連携させましょう。

Adobe ExpressとInstagramを連携させる

① Adobe Expressのトップページから「予約投稿」をクリックします❶。

② 予約投稿画面になります。右上の「連携を管理」をクリックします❷。

③ Instagramの欄の「連携」をクリックします❸。

「Instagramと連携」というポップアップが表示されるので、Instagramアカウントが条件を満たしていることを確認し、「Facebookから連携」をクリックします④。

Adobe ExpressとInstagramの連携が完了します⑤。

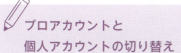
プロアカウントと
個人アカウントの切り替え

プロアカウントはいつでも通常の個人アカウントと切り替えが可能です。
222ページの手順①から223ページの手順②の操作を行い、「設定とアクティビティ」のメニューから「ビジネスツールと管理」（ビジネスアカウントの場合）または「クリエイターツールとコントロール」（クリエイターアカウントの場合）をタップします。「アカウントタイプを切り替え」をタップして、表示されたメニューから「個人用アカウントに切り替える」をタップすると、個人用アカウントに戻ります。

Section 06

Adobe ExpressからInstagramに投稿しよう

Adobe ExpressとInstagramが連携できたら、直接投稿してみましょう。
今回はフィード投稿の手順を解説します。

Adobe ExpressからInstagramに投稿する

① 投稿したい画像の編集が完了したら、編集画面右上にある「すべてのページを表示」をクリックします❶。

② 投稿したい画像に ☑ を入れて、選択します❷。

③ 「共有」をクリックし❸、表示されるメニューの「SNS」の項目から、「Instagram」をクリックします❹。

4 投稿する画像や映像がアップロードされます。
投稿タイプで「投稿」を選択し❺、キャプションやハッシュタグを入力します❻。

5 「プレビュー」をクリックすると、投稿後の見え方を確認することができます❼。

6 「今すぐ公開」をクリックし❽、「今すぐ公開」をクリックすると❾、Instagramに投稿されます。

> 予約投稿したい場合、「投稿を予約」し、投稿日時を設定します。Adobe Expressの無料プランで予約投稿ができるのは、月に2回までです。

Section 07

Instagramのプロフィール画像を設定しよう

Instagramのアイコンとなるプロフィール画像を
Adobe Expressで作成し、PCから設定します。

Instagramのプロフィール画像とは？

Instagramのプロフィール画像は、ユーザーのアイコンで、投稿やコメント、フォローリストなどさまざまな場所で表示されます。
プロフィール画像は円形で表示されます。
円形の径は画像の短辺に合わせた状態で切り抜かれ、調整することができないため、あらかじめ正方形の画像を作成しておくとよいでしょう。

Instagramプロフィール画像の推奨サイズ

表示サイズは180×180pxですが、320×320px以上のサイズが推奨されています。
ファイルサイズは2MB以下で、JPEGやPNGなどの一般的な画像ファイル形式が使用できます。

ファイルを作成する

① 「YouTubeプロフィール画像」はInstagramプロフィール画像の推奨要件を満たすので、それを活用します。
Adobe Expressのホーム画面上部の「SNS」をクリックし❶、「YouTube」のタブをクリックします❷。
表示されたYouTube用のプリセットの中から、「YouTubeプロフィール画像」をクリックします❸。

② 800×800pxの白紙のカンバスが表示されます❹。
左上の「無題 -0000年00月00日」と書かれた部分をクリックし、ファイル名を入力します❺。

プロフィール画像を編集／ダウンロードする

① 画像を編集します❶。
サブメニューにはプロフィール画像用のテンプレートが表示されているので、必要に応じてテンプレートも活用しましょう。

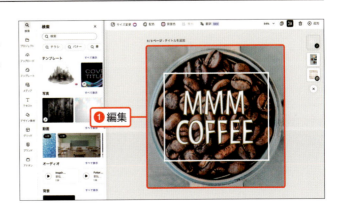

② 画面のダウンロードをクリックし②、「JPG」もしくは「PNG」形式を選択し③、「ダウンロード」をクリックすると④、PCのダウンロードフォルダに画像がダウンロードされます。

Instagramにプロフィール画像を設定する

① Instagramの「プロフィール」ページを開きます①。

② 円形のプロフィール画像部分をクリックします②。

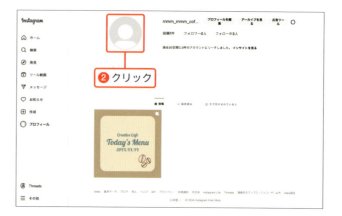

③ ポップアップから「写真のアップロード」をクリックします❸。

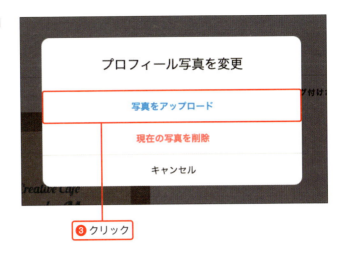

❸ クリック

④ 設定したい画像を選択し❹、「開く」をクリックします❺。

❹ 選択

❺ クリック

⑤ プロフィール写真が設定されます❻。

❻ プロフィール写真が設定された

Section 08

Instagramストーリーズ用の画像／動画を作ろう

Instagramストーリーズ用のテンプレートも多数用意されています。

Instagramストーリーズとは？

「Instagramストーリーズ」は、投稿から24時間後に自動的に消えるように設計された短期間のコンテンツです。メインフィードに残らないため、日常の瞬間をカジュアルに共有することができます。右の表のような特徴があります。

特徴	内容
期間限定	投稿されたストーリーズは24時間で消えます。ただし、ハイライトやアーカイブの機能を使って24時間以上保持することもできます。
投稿できるコンテンツ	画像と動画が投稿できます。投稿できる動画は最大60秒です。
表示場所	フィード画面の上部に表示され、フィードのタイムラインに影響しません。
インタラクティブ	画像や動画にURLを挿入したり、投票、質問、クイズなどのインタラクティブな要素を追加したりできます。
プライバシー設定	ストーリーズをフォロワー全員に公開するか、特定の人だけに限定して公開することができます。

Instagramストーリーズの推奨サイズとアスペクト比

Instagramストーリーズはスマートフォンの画面に縦長でフルスクリーンに表示されます。このため、アスペクト比は、9:16が最適です。解像度は1080×1920pxが推奨されています。

Instagramストーリーズ用の画像／動画を作成する

① Adobe Expressのホーム画面上部の「SNS」をクリックし❶、「Instagram」のタブをクリックします❷。
表示されたInstagram用のプリセットの中から、「Instagramストーリーズ」をクリックします❸。

② 1080×1920pxの白紙のカンバスが作成されます❹。
ファイル名を入力します❺。
なお、サブメニューには、「Instagramストーリーズ」用のテンプレートが表示されます。

③ 必要に応じてテンプレートも活用しながら、画像／動画を編集します❻。

画像をダウンロードする

 編集画面上部の「ダウンロード」をクリックし①、ファイル形式を選択後②、「ダウンロード」をクリックします③。

② PCのダウンロードフォルダに画像／動画がダウンロードされます④。

 Instagramストーリーズを投稿する方法

ブラウザ版のInstagramは、現在、ストーリーズの投稿に対応していません。ダウンロードした画像や動画をスマートフォンに転送し、スマホアプリから投稿することができます。
一方、Adobe Expressを経由するならば、PCからInstagramストーリーズを投稿することは可能です（Instagramビジネスプロフィールの取得が必要）。この場合、画像もしくはMP4形式またはMOV形式の動画を1件まで投稿できます。

Adobe ExpressからInstagramストーリーズを投稿する

① 投稿したい画像の編集が完了した段階で、編集画面右上にある「共有」をクリックし❶、表示されるメニューの「SNS」の項目から、「Instagram」をクリックします❷。

② ポップアップの右側に投稿する画像や映像がアップロードされます。
Instagramの投稿タイプで「ストーリーズ」を選択します❸。

③ 「今すぐ公開」を選択し❹、「今すぐ公開」をクリックすると、Instagramに投稿されます❺。

> 予約投稿したい場合、「投稿を予約」し、投稿日時を設定します。Adobe Expressの無料プランで予約投稿ができるのは、月に2回までです。

Section 09

Instagramリール用の動画を作ろう

Instagramのショート動画機能、リールのテンプレートも多数用意されています。

Instagramリールとは？

Instagramリールは、Instagramのショート動画機能で、最大3分のビデオクリップを作成し、音楽やエフェクトを加えて共有できるサービスです。

Instagramリールの推奨サイズとアスペクト比

Instagramリールは縦長のフォーマットが基本で、推奨アスペクト比は、9:16です。また、解像度は1080×1920pxが推奨されています。
動画ファイル形式としては、MP4とMOVがサポートされています。

Instagramリール用の画像／動画を作成する

①　Adobe Expressのホーム画面上部の「SNS」をクリックし❶、「Instagram」のタブをクリックします❷。
表示されたInstagram用のプリセットの中から、「Instagramリール」をクリックします❸。

②　1080×1920pxの縦長の白紙のカンバスとタイムラインが表示されます❹。
ファイル名を入力します❺。
なお、サブメニューには、「Instagramリール」用のテンプレートが表示されます。

③　必要に応じてテンプレートも活用しながら、画像／動画を編集します❻。
オーディオなどのメディアを追加してもよいでしょう。

動画をダウンロードする

① ダウンロードしてInstagramに投稿する場合、編集画面上部の「ダウンロード」をクリックし❶、ファイル形式で「MP4」を選択し❷、「ダウンロード」をクリックします❸。

② PCのダウンロードフォルダに動画がダウンロードされます❹。

Adobe ExpressからInstagramリールを投稿する

① InstagramとAdobe Expressを連携していれば、フィードと同様にAdobe Expressからリールを投稿することが可能です。画面右上の「共有」をクリックし❶、「Instagram」を選択します❷。

② 「リール」をクリックし❸、キャプションなどを入力したあと、公開します。

Chapter

9

そのほかのSNSで
Adobe Expressを
活用しよう

YouTubeやInstagram以外にも複数のSNSでAdobe Expressをクリエイティブな制作に生かすことができます。SNSごとに活用方法を見てみましょう。

さまざまなSNS向けに画像や動画を作成して投稿してみよう

この章で学ぶこと

Adobe Expressで各種SNSに活用できること

SNSで使用する画像や動画には、SNSによって推奨されるアスペクト比や解像度が設定されていることがあります。Adobe Expressでは、それぞれのSNSに合わせたカンバスがあらかじめ用意されており、フォーマットを選択するだけですぐに画像／映像の作成を開始できます。投稿用画像／動画やプロフィールカバー画像、アイコンなど、SNSの推奨サイズに応じて画像／動画を作り込んでいくことができます。

📱 SNSの推奨サイズに応じて画像／動画を制作できる。左がTikTokの推奨投稿サイズ、右がFacebookの推奨投稿サイズ

Chapter 9では、次のSNSでの利用について解説します。

SNS	解説ページ
TikTok	Section 01 (246ページ)
X	Section 02 (250ページ)
Facebook	Section 03 (258ページ)
LINE	Section 04 (266ページ)

Adobe Expressとの連携、直接投稿が可能なSNSも

Adobe Expressは、複数のSNSアカウントと連携できます。連携させると、画像や動画を作成後、Adobe Expressの編集画面からSNSに直接投稿することができます。また、SNSごとに投稿するだけでなく、複数のSNSに同時投稿を行うこともできます。Adobe Expressから投稿した履歴はカレンダー上に記録されるので、複数のSNSを運営している場合、その管理も容易です。

☐ Adobe ExpressとSNSを連携させると、まとめて投稿したり、カレンダーで投稿を管理したりできる

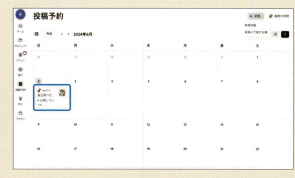

豊富なテンプレート

Adobe Expressでは、SNSごとに多数のテンプレートが用意されています。テンプレートを活用することで、アカウントの雰囲気に合わせた画像や動画をかんたんに作成することができます。画像は、無料のものやアニメーションを含むものなど、複数の条件で絞り込みも可能です。

☐ 豊富なテンプレートを利用することでかんたんに作成することができる。左がTikTok投稿用、中央がX（Twitter）投稿画像用、右がFacebookストーリーズ用のテンプレート

Section 01
TikTokでAdobe Expressを活用しよう

動画共有アプリのTikTokでは、投稿用動画の作成にAdobe Expressを活用できます。アカウントを連携させることで、Adobe Expressから直接投稿することも可能です。

TikTokでAdobe Expressの活用できる場所

TikTokは、動画共有ソーシャルメディアアプリで、最大3分までの短い動画を作成／投稿できます。

ダンスやコメディ、料理、DIY、美容、教育、ライフハックなど、さまざまなジャンルのコンテンツが投稿されています。TikTokでは、次のシーンでAdobe Expressを活用できます。

作成するもの	解説ページ
❶動画の作成／投稿	246〜249ページ
❷アイコン画像の作成	202ページ（YouTubeのプロフィール画像作成参照）

TikTok動画を作成する

 Adobe Expressのホーム画面から、「SNS」をクリックし❶、「TikTok」のタブをクリック❷。「TikTok動画」をクリックします❸。
TikTokでは以下の動画サイズが推奨されています。

仕様	内容
推奨アスペクト比	9:16
推奨サイズ（解像度）	縦動画: 1080×1920px
ファイル形式	MP4またはMOV

② 1080×1920pxの白紙のカンバスとタイムラインが作成されます❹。ファイル名を入力します❺。

③ サブメニューからテンプレートを選択します❻。
▽（絞り込み）で、有料／無料や雰囲気などを絞り込むことも可能です。

④ 動画を挿入したり、テキストやオブジェクト、音楽などを追加したりして編集を行います❼。
なお、動画編集については、Chapter 6（150ページ）なども参考にしてください。

動画をダウンロードして投稿する

①　PCブラウザ版のTikTokでは、60秒以内の動画を投稿できます。
Adobe Expressで作成した動画をダウンロードします。「ダウンロード」をクリックし❶、ファイル形式が「MP4」になっていることを確認して❷、「ダウンロード」をクリックします❸。
ダウンロードフォルダに動画がダウンロードされます。

②　PCのブラウザでTikTokのサイト（https://www.tiktok.com/ja-JP/）にログインし、「アップロード」をクリックします❹。

③　作成した動画をドラッグ＆ドロップし、動画の説明など必要な項目を入力し、「投稿」をクリックします❺。TikTokに動画が公開されます。

248

Adobe ExpressからTikTokに直接投稿する

1 編集画面右上の「共有」をクリックし❶、「TikTok」をクリックします❷。

2 「SNSアカウントを選択」をクリックし❸、TikTokアカウントにチェックが入っていることを確認します❹。

> 💡 連携が済んでいない場合は、「SNSアカウントを選択」から「連携を開く」をクリックし、TikTokの連携を行ってください。

3 キャプションを入力し❺、「今すぐ公開」を選択して❻、「今すぐ公開」をクリックすると❼、動画が投稿されます。

> 💡 「投稿を予約」を選択すると、予約投稿が可能です。無料アカウントの場合、月2回まで予約投稿が可能となります。

Section 02

XでAdobe Expressを活用しよう

Xでは、投稿用の画像／動画などの作成にAdobe Expressを活用できます。
アカウントを連携させることで、Adobe Expressから直接投稿することも可能です。

XでAdobe Expressの活用できる場所

Xは、短いメッセージを投稿し、ほかのユーザーとコミュニケーションを取ることができるSNSです。文字数は基本的に140文字以内で、写真や動画を4枚まで添付することも可能です。
Xでは、次のシーンでAdobe Expressを活用できます。

作成するもの	解説ページ
❶画像の作成／投稿	250ページ
❷動画の作成／投稿	252ページ
❸ヘッダー画像の作成	255ページ
❹アイコン画像の作成	202ページ（YouTubeのプロフィール画像作成参照）

X投稿用画像を作成する

 Adobe Expressのホーム画面から、「SNS」をクリックし❶、「X(Twitter)」のタブをクリック❷。「X(Twitter)投稿」をクリックします❸。

Xは幅広いアスペクト比に対応しており、通常のポストに対して、公式に推奨の画像サイズは示されていません。

250

② 1200×675pxの白紙のカンバスが作成されます❹。ファイル名を入力します❺。

❹ カンバスが作成された
❺ ファイル名を入力する

③ サブメニューからテンプレートを選択します❻。

❻ テンプレートを選択

④ 画像を挿入したり、テキストやオブジェクトを追加したりして編集を行います❼。
なお、画像編集については、Chapter 5（116ページ）なども参考にしてください。

❼ テンプレートを編集

X投稿用動画を作成する

① Adobe Expressのホーム画面から、「SNS」をクリックし❶、「X(Twitter)」のタブをクリック❷。「X(Twitter)動画」をクリックします❸。
アップロードできる動画には、次の制約があります。

仕様	内容
最大解像度	1920×1200px（および1200×1900px）
アスペクト比	「1:2.39」～「2.39:1」の範囲
ファイル形式	MP4またはMOV

② 1920×1080pxの白紙のカンバスとタイムラインが作成されます❹。ファイル名を入力します❺。

③ サブメニューからテンプレートを選択します❻。絞り込み機能を使い、「種類」から「動画」を選択すると、動画のテンプレートのみが表示されます。

252

4 動画を挿入したり、テキストやオブジェクトを追加したりして編集を行います❼。

なお、動画編集については、Chapter 6（150ページ）なども参考にしてください。

画像／動画をダウンロードして投稿する

1 PCブラウザ版のTwitterから、コメントとともに画像や動画を投稿できます。

「ダウンロード」をクリックし❶、画像の場合、ファイル形式が「PNG」か「JPG」、動画の場合は、ファイル形式が「MP4」になっていることを確認し❷、「ダウンロード」をクリックします❸。

PCのダウンロードフォルダにファイルがダウンロードされます。

2 PCのブラウザでX（https://x.com/home）にログインし、「ポストする」をクリックします❹。

③ ポストのウィンドウにダウンロードした画像や動画をドラッグ＆ドロップし、コメントを記入して❺、「ポストする」をクリックします❻。Xにポストが投稿されます。

Adobe ExpressからXに投稿する

① 編集画面右上の「共有」をクリックし❶、「X(Twitter)」をクリックします❷。

> 複数画像を投稿したい場合、同じファイル内で作成した複数画像を選択してから「共有」をクリックします。

② 「SNSアカウントを選択」をクリックし❸、X(Twitter)アカウントにチェックを入れます❹。

> 連携が済んでいない場合、「SNSアカウントを選択」から「連携を開く」をクリックし、Xとの連携を行ってください。

③ キャプションを入力し❺、「今すぐ公開」を選択後❻、「今すぐ公開」をクリックすると❼、動画が投稿されます。

> 💡 「投稿を予約」を選択すると、予約投稿が可能です。無料アカウントの場合、月2回まで予約投稿が可能となります。

X(Twitter)ヘッダー画像を作成／ダウンロードする

① Adobe Expressのホーム画面から「SNS」をクリックし❶、「X(Twitter)」のタブをクリック❷。「X(Twitter)ヘッダー」をクリックします❸。
次のサイズが推奨されています。

仕様	内容
アスペクト比	3:1
推奨解像度	1500×500px

② 1500×500pxの白紙のカンバスが作成されます❹。ファイル名を入力します❺。

③ サブメニューからテンプレートを選択します❻。「Twitter header」で検索して絞り込むことも可能です。

④ 画像を挿入したり、テキストやオブジェクトを追加したりして編集を行います❼。
なお、画像編集についてはChapter 5（116ページ）なども参考にしてください。

⑤ 「ダウンロード」をクリックし❽、ファイル形式が「PNG」か「JPG」になっていることを確認し❾、「ダウンロード」をクリックします❿。
PCのダウンロードフォルダに画像がダウンロードされます。

X(Twitter)のヘッダー画像を設定する

① PCのブラウザでX(https://x.com/home)にログインし、自分のアイコンをクリックします❶。

② 自分のポストのページが表示されたら、「プロフィールを編集」をクリックします❷。

③ （画像を追加）をクリックし、ダウンロードしたヘッダー画像をアップロードします❸。

FacebookでAdobe Expressを活用しよう

実名交流コミュニティのFacebookでは、
投稿用画像／動画やストーリーズなどの作成にAdobe Expressを活用できます。

FacebookでAdobe Expressの活用できる場所

Facebookは、実名で情報を共有するSNSです。ニュースフィードに写真や動画、テキストなどを投稿してタイムラインで共有できます。Facebookでは、次のシーンでAdobe Expressを活用できます。

作成するもの	解説ページ
❶画像の作成／投稿	258、261ページ
❷Facebookストーリー用動画の作成／投稿	260、261ページ
❸プロフィールカバー画像の作成	263ページ
❹プロフィール画像の作成	202ページ（YouTubeのプロフィール画像作成参照）

Facebook広告やイベントページ／グループページのカバーなどの作成も可能です。

Facebook投稿用画像を作成する

Adobe Expressのホーム画面から「SNS」をクリックし❶、「Facebook」のタブをクリック❷。「Facebook 投稿」をクリックします❸。
Facebookでは幅広いアスペクト比に対応していますが、公式では次のサイズを推奨しています。

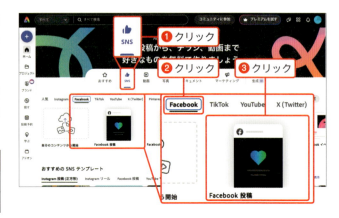

仕様	内容
推奨サイズ	1080×1080px
アスペクト比	1:1

② 1080×1080pxの白紙のカンバスが作成されます❹。ファイル名を入力します❺。

③ サブメニューからテンプレートを選択します❻。

④ 写真を挿入したり、テキストやオブジェクトを追加したりして、編集を行います❼。
画像編集については、Chapter 5（116ページ）なども参考にしてください。

Facebookストーリーズ投稿用動画を作成する

① Adobe Expressのホーム画面から「SNS」をクリックし❶、「Facebook」のタブをクリックします❷。続いて「Facebookストーリー」をクリックします❸。
Facebookアプリは縦向きの表示に最適化されているため、縦長の動画が適しています。

仕様	内容
推奨アスペクト比	「9:16」および「4:5」〜「1.91:1」
推奨サイズ（解像度）	推奨サイズは1080×1920px
ファイル形式	MP4、MOV

② 1080×1920pxの白紙のカンバスが作成されます❹。ファイル名を入力します❺。

③ サブメニューからテンプレートを選択します❻。

260

動画を挿入したり、テキストやオブジェクトを追加したりして編集を行います❼。

なお、動画編集については、Chapter 6（150ページ）なども参考にしてください。

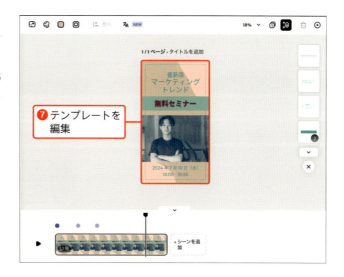

画像／動画をダウンロードして投稿する

ブラウザ版のFacebookから、コメントと同時に画像や動画を投稿できます。

「ダウンロード」をクリックし❶、画像の場合、ファイル形式が「PNG」か「JPG」、動画の場合は、ファイル形式が「MP4」になっていることを、それぞれ確認して❷、「ダウンロード」をクリックします❸。

PCのダウンロードフォルダにファイルがダウンロードされます。

PCのブラウザでFacebook（https://www.facebook.com/）にログインし、「シェアしよう」の枠をクリックします❹。

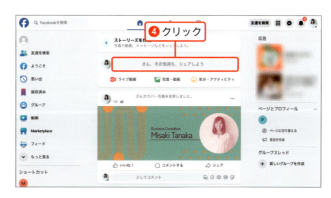

③ ポストのウィンドウにダウンロードした画像や動画をドラッグ＆ドロップし、コメントを記入します❺。
公開範囲を選択して、「投稿」をクリックします❻。
ポストが投稿されます。

Adobe ExpressからFacebookに投稿する

① 編集画面右上の「共有」をクリックし❶、「Facebook」をクリックします❷。

② 「SNSアカウントを選択」をクリックし❸、Facebookアカウントにチェックが入っていることを確認します❹。

💡 連携が済んでいない場合、「Facebookと連携」をクリックし、Facebookの連携を行います。

③ キャプションを入力し❺、「今すぐ公開」にチェックを入れ❻、「今すぐ公開」をクリックすると❼動画が投稿されます。

> 「投稿を予約」を選択すると、予約投稿が可能です。無料アカウントの場合、月2回まで予約投稿が可能です。

プロフィールカバーを作成／ダウンロードする

① Adobe Expressのホーム画面から「SNS」をクリックし❶、「Facebook」のタブをクリック❷。「Facebookプロフィールカバー」をクリックします❸。
アスペクト比は16:9で、少なくとも400×150px以上のサイズが必要です。

② 851×315pxの白紙のカンバスが作成されます❹。ファイル名を入力します❺。

③ サブメニューからテンプレートを選択します❻。

❻テンプレートを選択

④ 画像を挿入したり、テキストやオブジェクトを追加したりして、編集を行います❼。

画像編集については、Chapter 5（116ページ）なども参考にしてください。

❼テンプレートを編集

⑤ 「ダウンロード」をクリックし❽、ファイル形式が「PNG」か「JPG」になっていることを確認し❾、「ダウンロード」をクリックします❿。

PCのダウンロードフォルダに画像がダウンロードされます。

❽クリック

❾確認

❿クリック

Facebookのプロフィールカバーを設定する

① PCのブラウザでFacebook（https://www.facebook.com/）にログインし、画面右上の自分のアイコンをクリックして❶、プルダウンからカバーを変更したいページをクリックします❷

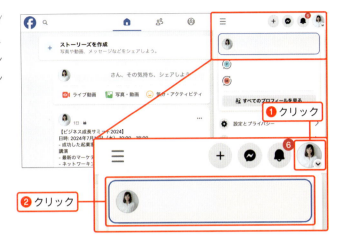

② 画面上部の「カバー写真を追加」をクリックし❸、「写真をアップロード」をクリックします❹。

③ 作成したカバー画像のアップロードが完了したら、「変更を保存」をクリックします❺。プロフィールカバーが設定されます。

Section 04

LINEでAdobe Expressを活用しよう

LINEでは、広告や公式アカウントのサービスでAdobe Expressを活用できます。

LINEでAdobe Expressの活用できる場所

LINEは、短いテキストやスタンプを送信できるコミュニケーションツールです。ビジネスでは、「LINE公式アカウント」としてメッセージを送信したり、広告を配信したりすることができます。
LINEでは、次のシーンでAdobe Expressを活用できます。

作成するもの	解説ページ
❶LINE広告の作成	266ページ
❷リッチメニューの作成	268ページ
❸リッチメッセージの作成	270ページ
❹プロフィールアイコンの作成	202ページ（YouTubeのプロフィール画像作成参照）

LINE広告やLINE公式アカウントを開始するには、「LINEビジネスID」の発行が必要となります。

LINE広告（スクエア動画／静止画）を作成する

Adobe Expressのホーム画面から「SNS」をクリックし❶、「LINE」タブをクリックし❷、作成したいフォーマットを選択します❸。LINE広告用には、次のフォーマットがあります。

フォーマット	仕様	形式
LINE広告 スクエア静止画	1080×1080px	静止画
LINE広告 スクエア動画	1080×1080px	動画
LINE広告 縦長動画	1080×1920px	動画
LINE広告 画像（小）	600×400px	静止画

266

② 白紙のカンバスが作成されます❹。ファイル名を入力します❺。

❹ カンバスが作成された
❺ ファイル名を入力

③ サブメニューからテンプレートを選択します❻。

❻ テンプレートを選択

④ 動画を挿入したり、テキストやオブジェクトを追加したりして編集を行います❼。
画像編集についてはChapter 5（116ページ）を、動画編集についてはChapter 6（150ページ）を、それぞれ参考にしてください。

❼ テンプレートを編集

LINE公式アカウント リッチメニュー（大／小）とは？

LINEリッチメニューは、LINE公式アカウントで利用できるインタラクティブなメニュー機能です。
トーク画面の下部に大きく表示され、6分割や8分割のレイアウトで標示される「大」と、トーク画面の下部に小さく表示され、2分割や4分割でレイアウトされる「小」があります。

LINE公式アカウント リッチメニュー（大／小）を作成する

① Adobe Expressのホーム画面から「SNS」をクリックし❶、「LINE」のタブをクリックし❷、作成したいフォーマットを選択します❸。
LINE公式アカウント リッチメニューには次のフォーマットがあります。

フォーマット	仕様	形式
LINE公式アカウント リッチメニュー（大）	2500×1686px	静止画
LINE公式アカウント リッチメニュー（小）	2500×843px	静止画

② 白紙のカンバスが作成されます❹。ファイル名を入力します❺。

③ サブメニューからテンプレートを選択します❻。

❻テンプレートを選択

④ 準備した画像を挿入したり、テキストやオブジェクトを追加したりして、編集を行います❼。
画像編集については、Chapter 5（116ページ）も参考にしてください。

❼テンプレートを編集

LINE公式アカウント リッチメッセージとは？

LINE公式アカウントのリッチメッセージは、画像やテキストを組み合わせたメッセージ形式です。リンクも設定でき、webサイトやクーポンへ誘導することも可能です。
画像は、1040×1040pxの正方形で作成します。

LINE公式アカウント リッチメッセージを作成する

① Adobe ExpressのホームZ画面から「SNS」をクリックし❶、「LINE」のタブをクリックし❷、「LINE公式アカウント リッチメッセージ」のフォーマットを選択します❸。

② 1040×1040pxの白紙のカンバスが作成されます❹。ファイル名を入力します❺。

③ サブメニューからテンプレートを選択します❻。

④ 用意した画像を挿入したり、テキストやオブジェクトを追加したりして、編集を行います❼。

❼テンプレートを編集

画像／動画をダウンロードする

① 作成した画像／動画をダウンロードし、ブラウザ版のLINE公式アカウントのメニューから、アクションの設定／投稿を行うことができます。
ファイル編集画面で、「ダウンロード」をクリックします❶。

② 画像の場合、ファイル形式が「PNG」か「JPG」、動画の場合は、ファイル形式が「MP4」になっていることをそれぞれ確認し❷、「ダウンロード」をクリックします❸。
PCのダウンロードフォルダに画像／動画がダウンロードされます。

Section 05

複数のSNSへ一度に投稿しよう

ここまで、SNSごとに投稿を行う方法を解説してきましたが、
Adobe Expressから連携しているSNSに一度に投稿を行うことも可能です。

複数のSNSに投稿する

① Adobe Expressのホーム画面で「投稿予約」をクリックします❶。

② カレンダー上の「＋新規…」をクリックし❷、プルダウンから「新規投稿」をクリックします❸。

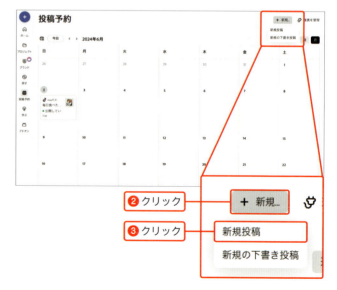

③ 「SNSに投稿」のポップアップが標示されます。投稿したい画像や動画をドラッグ＆ドロップします❹。
「デバイスからアップロード」というポップアップが標示されたら、「アップロード」をクリックします。

❹ドラッグ＆ドロップ

④ 「SNSアカウントを選択」をクリックします❺。

❺クリック

⑤ プルダウンから、まとめて投稿したいSNSアカウントにすべてチェックを入れます❻。

❻選択

キャプションの入力とSNSごとの投稿の設定を行います❼。
「プレビュー」をクリックすると❽、SNSごとの表示結果を確認できます。

❼入力

❽クリックして確認

「今すぐ公開」のチェックをオンにして❾、「今すぐ公開」をクリックすると❿、選択したSNSすべてに公開されます。

予約投稿したい場合、「投稿を予約」ボタンを選択後、投稿「予約投稿」をクリックします。

❾選択

❿クリック

✏️ Adobe ExpressにテンプレートのあるSNS

Adobe Express内には、各種SNSや、SNS内の機能に応じたテンプレートが用意されています。ここまでに登場していないSNSでは、表に挙げたSNS用のプリセットがあります。

その他のSNS

Pinterest	Snapchat	LinkedIn	ミーム	Snapchat
Twitch	Tumblr	Reddit	SoundCloud	note

Chapter

10

チラシやポスターを制作しよう

ここまで、SNSなどのデジタル表示用の画像や動画の制作を行いましたが、Adobe Expressでは、チラシやポスターといった印刷物のための画像データを制作することもできます。

この章で学ぶこと

チラシやパンフレットなど、多様なサイズの印刷物用の画像を制作しよう

Adobe Expressで印刷物用のデータも作成できる

ここまで、主にデジタルで使用する画像／動画の編集を行いました。一方、Adobe Expressでは、チラシやポスターなど、印刷物用のデザインを作成することも可能です。

作成したデータはJPGやPNGのほか、PDFとしてダウンロードすることもでき、「内トンボ」や「裁ち落とし」といった印刷用のオプションを追加することもできます。

▢ 左はポスターの印刷用データの例。右は三つ折りパンフレットの印刷用データの例、四隅に表示されている線は印刷用の記号

シーンに応じた豊富なテンプレート

Adobe Expressには、ドキュメント用にも豊富なテンプレートが用意されています。ビジネスや教育、個人といった分野ごとに、右の表のようなテンプレートが準備されています。

分野	テンプレート
ビジネス	チラシ
	パンフレット
	プレゼンテーション
	名刺
	履歴書
	請求書

分野	テンプレート
教育	ポスター
	報告書
	時間割
個人	招待状
	カード
	予定表

☐ 印刷物用のテンプレートも数多く用意されている。左はパンフレットのテンプレート、右は名刺のテンプレート例

サイズを変更して複数の印刷物に適用する

Adobe Expressでは、作成したデザインのサイズをかんたんに変更できます。たとえば、ポスター用に制作したデザインをチラシにも利用するなど、1つのデザインを異なるサイズの印刷物に適用することで、統一感のあるプロモーションが可能です。

プレミアムプランではワンクリックでサイズ変更が可能ですが、無料プランでも複数の操作を行うことで同じデザインでサイズを変更することができます。

☐ 同じデザインを異なる印刷物に適用。チラシのサイズの縦横比率を微調整した例

Section 01

チラシ／ポスターを作ろう

チラシやポスター向けに、それぞれのテンプレートが多数用意されています。
テンプレートを活用してチラシ／ポスターを作成してみましょう。

チラシ／ポスターを作成する

① Adobe Expressのホーム画面上部の検索バーで、カテゴリから「テンプレート」を選択し❶、検索バーに「チラシ」や「ポスター」と入力し、検索します❷。

② 追加の検索ワードや、フィルターで言語やライセンスなどの検索条件を追加し、イメージに近いテンプレートを絞り込み❸、クリックして選択します❹。

確認のポップアップが標示された場合は、テンプレートのタイトルとサイズを確認し、「このテンプレートを使用」をクリックします。

③ テンプレートが読み込まれ、新規ファイルが作成されます。❺。ファイル名を入力します❻。

④ 写真や店舗のロゴなどを挿入したり、テキストやオブジェクトを追加したりして編集を行います❼。
画像編集については、Chapter 5（116ページ）などを参考にしてください。

⑤ 画面右上の「ダウンロード」をクリックします❽。ファイル形式を「PNG」「JPG」「PDF」から選択し❾、「ダウンロード」をクリックします❿。
PCのダウンロードフォルダに画像がダウンロードされます。

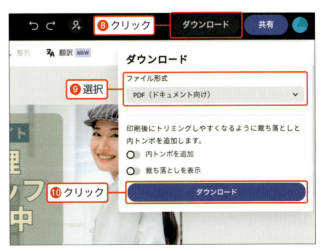

10 チラシやポスターを制作しよう

279

Section
02

パンフレットを作ろう

Adobe Expressにはパンフレット用に、
二つ折り／三つ折りといったテンプレートも用意されています。

パンフレットを作成する

① Adobe Expressのホーム画面上部の検索バーで、カテゴリから「テンプレート」を選択し❶、検索バーに「パンフレット」と入力して、検索します❷。

> 検索時、「パンフレット　二つ折り」「パンフレット　三つ折り」「パンフレット　メニュー」など、言葉を追加すると、想定に近いテンプレートが検索できます。

② 追加の検索ワードや、フィルターで言語やライセンスなどの検索条件を追加し、テンプレートを絞り込み❸、イメージに近いテンプレートをクリックして選択します❹。

確認のポップアップが表示された場合は、テンプレートのタイトルとサイズを確認し、「このテンプレートを使用」をクリックします。

③ 新規ファイルが作成されます❺。ファイル名を入力します❻。

④ 写真や店舗のロゴなどを挿入したり、テキストやオブジェクトを追加したりして編集を行います❼。
画像編集については、Chapter 5（116ページ）などを参考にしてください。

⑤ 画面右上の「ダウンロード」をクリックします❽。ファイル形式を「PNG」「JPG」「PDF」から選択し❾、「ダウンロード」をクリックします❿。
PCのダウンロードフォルダに画像がダウンロードされます。

281

Section 03

プレゼンテーションを作ろう

PowerPointやKeynoteのようなプレゼンテーションも、Adobe Expressで作成することができます。Adobe Express上でプレゼンテーションを行うことも可能です。

プレゼンテーションを作成する

① Adobe Expressのホーム画面から、「ドキュメント」をクリックし❶、「プレゼンテーション」を選択します❷。

② 1920×1080pxの16:9の白紙のカンバスが作成されます❸。ファイル名を入力します❹。

③ サブメニューのテンプレートを、フィルターや追加のワードで条件を絞り込み❺、希望のテンプレートをクリックします❻。
確認のポップアップが標示された場合は、テンプレートのタイトルとサイズを確認し、「ページとして追加」をクリックします。

④ 画像やグラフ等を挿入したり、テキストやオブジェクトを追加したりして編集を行います❼。
画像編集については、Chapter 5（116ページ）などを参考にしてください。

プレゼンテーションをダウンロードする

① 画面右上の （ダウンロード）をクリックします❶。

② ページ選択で「すべてのページ」にチェックを入れて❷、ファイル形式を「PNG」「JPG」「PDF」から選択します❸。

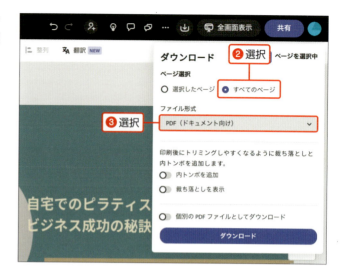

③ PDFファイルを選択した場合、印刷用の設定やページ分割などの詳細条件を設定します❹。
設定が完了したら、「ダウンロード」をクリックします❺。

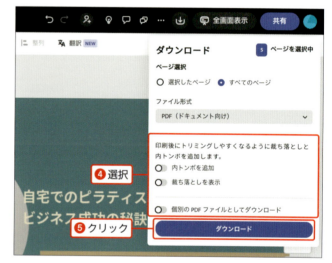

④ すべてのページがダウンロードされます❻。デスクトップ上でのプレゼンテーションに使用したり、印刷資料として利用したりできます。

Adobe Express上でプレゼンテーションを行う

① PC上でプレゼンテーションを実施する場合、Adobe Express上でプレゼンテーション標示を行うことができます。
画面右上の「全画面表示」右側の▽をクリックし❶、「最初のページから表示」、「現在のページから表示」、「発表者モード」から表示モードをクリックして選択します❷。

② プレゼンテーションが全画面表示され、それ以外の部分は黒背景となります❸。キーボードの◁▷キーを押すと、スライドを進めたり戻したりすることが可能です。

❸ プレゼンテーションが表示された

③ プレゼンテーションを終了する場合、キーボードの Esc キーを押すと、Adobe Expressの編集画面に戻ります❹。

❹ Esc キーで編集に戻る

Section 04

名刺を作ろう

Adobe Expressには、縦型／横型や写真入り／イラスト入りなど、
テイストの異なる多くのテンプレートが用意されています。

名刺を作成する

① Adobe Expressのホーム画面上部の検索バーで、カテゴリから「テンプレート」を選択し❶、検索バーに「名刺」と入力し、検索します❷。

② フィルターで検索条件を追加して、テンプレートを絞り込み❸、クリックして選択します❹。
ポップアップが標示された場合は、テンプレートのタイトルとサイズを確認し、「このテンプレートを使用」をクリックします。

③ テンプレートが読み込まれ、新規ファイルが作成されます❺。ファイル名を入力します❻。

④ 写真や店舗のロゴなどを挿入したり、テキストやオブジェクトを追加したりして編集を行います❼。

⑤ 画面右上の「ダウンロード」をクリックします❽。
画像の場合、ファイル形式で「PNG」「JPG」「PDF」のいずれかを選択し❾、「ダウンロード」をクリックします❿。

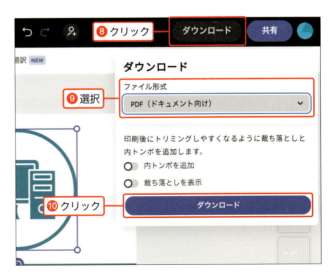

Section 05

ドキュメントのサイズを変更しよう

テンプレートと作成したいドキュメントのサイズが異なる場合、サイズが変更できます。プレミアムプランはワンクリックで完了ですが、無料プランでも類似の操作が行えます。

BEFORE テンプレートサイズの「8.5×11in」のチラシ
AFTER 印刷用にA4サイズに変更した

サイズを変更してレイアウトし直す

1 サイズを変更したいファイルを開きます**❶**。

今回は、8.5×11inのチラシをA4サイズに変更します。

❶開く

② 画面右上の「追加」をクリックし❷、表示されたメニューから「サイズを指定」をクリックします❸。

③ カンバスのサイズを指定し❹、「ページを追加」をクリックします❺。

> 💡 右側の単位部分をクリックすると、「px」「in」「mm」など、サイズの単位が選択できます。A4の場合、単位を変更後に「210mm×297mm」と指定します。

④ 指定したサイズの白紙のカンバスが作成されます。
カンバス右側上の🗐（すべてのページを表示）をクリックします❻。

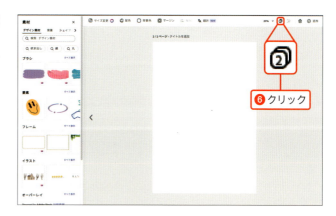

⑤ サイズを変更したい画像をダブルクリックします❼。

⑥ Ctrl + A キーを押してすべてパーツを選択したあと❽、Ctrl + C キーを押してオブジェクトをコピーします❾。

> 💡 「ページ背景」に設定した画像はコピーされません。背景レイヤーを選択後、サブメニューから「ページ背景から解除」をクリックし、通常レイヤーに戻してからコピーしましょう。

⑦ 画面上の > (次のページ)をクリックするか、手順④、⑤の操作で、白紙のカンバスをダブルクリックして、A4の白紙のカンバスを表示します❿。

⑧ Ctrl + V キーを押して、白紙のカンバスに元画像の要素を貼り付けます⓫。

💡 手順⑥で背景レイヤーをいったん解除してコピー＆ペーストした場合、ここで再び同レイヤーを選択し、サブメニューから「ページ背景に設定」をクリックしましょう。

⓫貼り付け

⑨ カンバスに合わせ、画像のサイズや位置などを整えます⓬。

💡 ペースト後、Ctrl + A を押して全要素を選択し、青い枠の頂点にある円を斜めにドラッグすると、各要素の位置関係を保ったまま、テキストも含めた全要素のサイズを変更できます。

⓬調整

⑩ サイズ変更し、サイズに合わせてレイアウトを修正した画像が作成されます⓭。必要に応じて、ダウンロードして活用します。

⓭サイズが変更された

不要部分を断ち切ってサイズを変更する

① 変更したいサイズからはみ出た部分はカットすることで、かんたんにサイズを変更することもできます。
サイズを変更したいドキュメントを開き、「ダウンロード」をクリックし❶、ファイル形式で「JPG」か「PNG」を選択し❷、ダウンロードをクリックしてダウンロードします❸。

> 元データがPDFファイルの場合、この方式では、画像サイズを変更することができません。

② Adobe Expressのホーム画面から、「写真」をクリックし❹、表示されたメニューから「画像のサイズを変更」をクリックします❺。

③ 手順①でダウンロードした画像をドラッグ&ドロップします❻。

④ 「画像のサイズを変更」というポップアップが標示されます。
「サイズ変更」をクリックし❼、プルダウンから「カスタム」を選択します❽。

⑤ 幅×高さの入力欄が表示されます。
🔗をクリックして、縦横比のロックを解除し❾、サイズを入力します❿。

⑥ 指定したサイズの縦横比のうち、元画像のサイズが小さい方の辺を基準に画像が配置されます。
スライダで画像を拡大⓫、プレビュー上で画像の位置を調整⓬できます。
「ダウンロード」をクリックすると画像がダウンロードされます⓭。

10 チラシやポスターを制作しよう

COLUMN

ワンクリックでドキュメントのサイズを変更する

Adobe Expressのプレミアムプランでは、ワンクリックでサイズの変更を行うことができます。同じ要素で複数のSNSに投稿したり、サイズを変更したチラシなどを複数制作したりしたい場合、プレミアムプランを検討するのもよいでしょう。

① 画像の編集画面で、左上の「サイズ変更」をクリックします❶。

② カスタムにサイズを直接入力するか、サイズを選択し❷、「複製してサイズ変更」か「サイズ変更」を選択してクリックします❸。

③ サイズに合わせてレイアウトが変更されます❹。調整を行いましょう。

Chapter 11

クイックアクションを
使いこなそう

ここまででAdobe Expressの多くの機能を見てきました。最後に、クイックアクションという便利な機能を紹介します。

この章で学ぶこと

クイックアクションを使いこなして、効率的に作業を行おう

かんたんな操作は「クイックアクション」で処理できる

ここまで、写真や動画の編集を行う際には、新たなファイルを作成して処理を行ってきました。一方、写真のサイズを変更したり、トリミングしたりするなど、シンプルな処理だけを行いたい場合、「クイックアクション」を使用することで、操作を迅速に行うことができます。

クイックアクションでは、操作はワンクリックで完了し、編集後のファイルをそのままダウンロードできるので、手間を省くことができます。クイックアクションを活用すると効率的に作業を進められます。

さまざまな用途で用意されている、クイックアクションの例

背景を削除

テキストから画像生成

JPG に変換

動画をトリミング

動画を結合

MP4 に変換

動画に字幕を付ける機能や音声でキャラクターを動かす機能、PDFの編集機能など

ファイルを作成してエディターで編集を行ってきた中には存在しない機能も「クイックアクション」の中に含まれています。

たとえば、動画の中の音声を解析して自動で字幕を生成したり、音声入力（音声ファイル）に対してキャラクターがそれらを話しているようにキャラクターを動かしたり

といった機能もあります。

また、通常はAdobe Acrobatなどの有料プランでしか行えないPDFのページ入れ替えや一部ページの削除などの編集機能もAdobe Expressの無料プランでも使用することができます。ただし、無料プランの場合、毎月ダウンロード可能なファイル数に制約があります。

▢ クイックアクションでのみ実施できる機能の例

字幕を自動生成

音声でキャラクターを動かす

PDFを編集

有料プランでより便利にAdobe Expressを活用できる

Adobe Expressは無料でも多くの機能を使用できますが、有料プランに加入すると、さらに多くの機能やテンプレートにアクセスできます。

たとえば、高度な編集ツールやプレミアム素材を使用することで、よりクオリティの高い作品を効率的に制作することが可能です。また、クラウドストレージの容量も増加し、ファイルの管理が容易になります。

▢ 有料プランでできることの例。左からプレミアムテンプレートの利用、プレミアム素材の利用、消しゴムツールなど追加ツール

Section 01

背景を削除しよう

クイックアクションでかんたんに画像から背景を削除することができます。

BEFORE 撮影した写真　AFTER 背景が削除された

クイックアクションのメニューを表示する

1. Adobe Expressのトップページに「おすすめのクイックアクション」のカテゴリーがあります。
「すべて表示」をクリックします❶。

❶クリック

② クイックアクションのメニューを表示し「写真」のカテゴリーから、「背景を削除」をクリックします❷。

背景を削除する

① 背景を削除したい画像（JPGもしくはPNG画像）をアップロードします。ファイルをドラッグ＆ドロップするか❶、「参照」の文字をクリックして画像を選択します。

② 自動で背景が削除され、背景部分が透明レイヤーとなります❷。

③ 「ダウンロード」をクリックすると❸、ダウンロードフォルダにPNG画像として保存されます。

Section 02

画像のサイズを変更しよう

画像の一部をトリミングして、各種SNSの投稿にあったアスペクト比／解像度に変更できます。

BEFORE 任意のサイズの3：2の画像

AFTER Instagramに合わせたアスペクト比と解像度（1080×1080px）に変更された

画像のサイズを変更する

1 298ページの方法でクイックアクションのメニューを表示し、「写真」のカテゴリーから「画像のサイズを変更」をクリックします❶。

❶クリック

② サイズを変更したい画像（JPGもしくはPNGファイル）をアップロードします。ファイルをドラッグ＆ドロップするか❷、「参照」の文字をクリックして画像を選択します。

③ 画像がアップロードされたら、変更後のサイズ（解像度）を選択します。プルダウンメニューでSNSの種類を選択すると❸、各SNSに適したアスペクト比の一覧が表示されるので、変更したいサイズをクリックします❹。

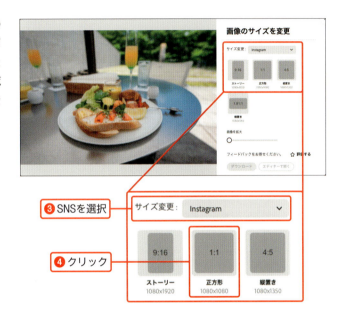

④ 画像がスペースいっぱいに配置されます。
「画像を拡大」のスライダを動かすことでズームでき❺、画像をドラッグすることで切り抜く場所を変更できます❻。
「ダウンロード」をクリックすると、JPG形式でダウンロードフォルダにダウンロードされます❼。

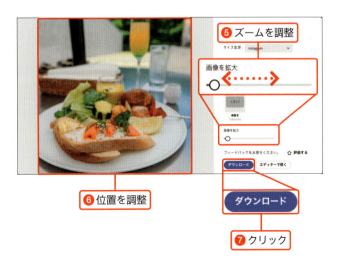

Section 03

画像をトリミングしよう

画像の不要な部分をトリミングすることができます。

BEFORE オリジナルの画像　　　AFTER 解像度はそのまま 画像の一部がトリミングされた

画像を切り抜く

1. 298ページの方法でクイックアクションのメニューを表示し、「写真」のカテゴリーから「画像を切り抜く」をクリックします❶。

❶クリック

② 切り抜きたい画像をアップロードします。ファイルをドラッグ＆ドロップするか②、「参照」の文字をクリックして画像を選択します。

③ 切り抜きたいエリアを指定します。画面上の切り抜きツールを使用して、必要な部分を選択します。エリアの中央部をドラッグすることで位置を調整し③、四隅をドラッグして切り抜くサイズを指定することができます④。

④ キーボードで Enter キーを押すと、切り抜くエリアが確定します⑤。
「ダウンロード」をクリックすると⑥、PNG形式でダウンロードフォルダにダウンロードされます。

💡「エディターで開く」をクリックすると、続けてエディターでの編集が可能になります。

Section 04

ロゴメーカーでロゴを作ろう

クイックアクションを使うと、気に入ったテイストを選んでいくことで、
かんたんにオリジナルのロゴを制作できます。

ロゴメーカーでロゴを作成する

① 298ページの方法でクイックアクションのメニューを表示し、「すべて」から「ロゴメーカー」をクリックします❶。

② ロゴに表示するビジネス名やブランド名を入力し❷、ビジネスやブランドのカテゴリーを選択します❸。
キャッチフレーズやスローガンがあれば併せて入力します❹（任意）。
「次へ」をクリックします❺。

③ ロゴのスタイルを選びます。ミニマル、エレガント、オーガニックなど、好みのデザインスタイルを選択し❻、「次へ」をクリックします❼。

④ 必要に応じて、ロゴに追加するアイコンを選びます。カテゴリーやキーワードでアイコンを検索し❽、ビジネスやブランドに適したアイコンを選択し❾、「次へ」をクリックします❿。

⑤ ベースとなるロゴのイメージを選択します。提案された中からイメージに近いデザインをクリックします⓫。

6 少し時間を待つとロゴが作成されるので、こちらをカスタマイズしていきます。文字列をダブルクリックすると、文字列を編集することができます❶。

7 「フォント」をクリックすると、クリックするたびに異なるフォントが提示されます❸。
1つ前のデザインに戻る場合、「取り消し」をクリックします❹。

8 文字や画像などのオブジェクトをクリックするとオブジェクトを編集できます❺。四隅をドラッグしてサイズ変更するほか、画像をドラッグすることで位置の調整、ハンドルで角度を調整できます。

「カラー」をクリックすると、クリックするたびに異なる配色が提示されます❶。

１つ前のデザインに戻る場合、「取り消し」をクリックします❶。

ロゴデザインが完成したら、「ダウンロード」をクリックします❶。

設定した色（背景が不透過）の画像と、背景が透過するタイプのPNGファイルがダウンロードされます❶。

背景透過PNG

PNG

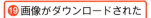
❶画像がダウンロードされた

Section 05

生成AIでテキストから画像を生成しよう

生成AIを活用して、文章から画像を生成することができます。

テキストから画像生成する

① 298ページの方法でクイックアクションのメニューを表示し、「生成AI」のカテゴリーから「テキストから画像生成」をクリックします❶。

② 正方形の白紙のカンバスが作成されます。テキストボックスに生成したい画像をテキストで入力します❷。

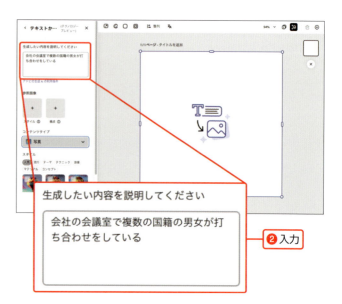

③ コンテンツタイプを「写真」「グラフィック」などから選択し❸、「生成」をクリックします❹。

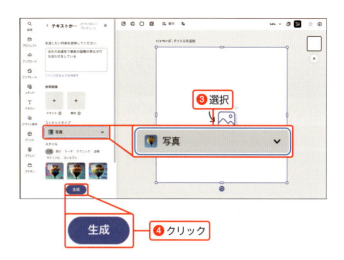

④ 画像が生成されます。複数の生成結果が表示されるので、イメージに近いデザインを選択します❺。

⑤ 「ダウンロード」をクリックします❻。ダウンロードフォルダにPNG形式の画像がダウンロードされます。

> エディターで引き続き画像編集を行うことも可能です。

Section 06
生成AIでテキストに テクスチャを生成しよう

生成AIを活用して、テキストに任意のテクスチャを生成することができます。

「テキスト効果」でテキストに視覚的な効果を加える

① 298ページの方法でクイックアクションのメニューを表示し、「生成AI」のカテゴリーから「テキスト効果」をクリックします❶。

② 「生成」というテキストを含んだ正方形のカンバスが作成されるので、テキストボックスをダブルクリックし、効果を加えたい文字列を入力します❷。

③ サブメニューのテキストボックスにテキストに加えたい視覚効果を入力し③、フォントや色合い、スタイルなどを選択し④、「生成」をクリックします⑤。

💡 このときに入力する方法については103ページも参照してください。

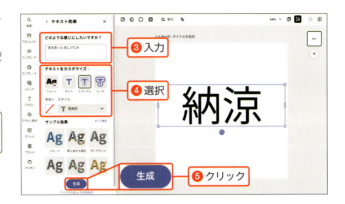

④ テキストにテクスチャが与えられます。複数の生成結果が表示されるので、イメージに近い生成結果を選択します⑥。

⑤ ベースとなるテクスチャが決まったら、フォントなどを変更し、文字を調整します⑦。「ダウンロード」をクリックしてダウンロードします⑧。

💡 エディターで引き続き画像編集を行うことも可能です。

Section 07
PDF関連のクイックアクションを使いこなそう

WordファイルなどをPDFに変換できるほか、通常はAdobe Acrobatなどを購入しないとできない、PDFの編集やページの入れ替えなどを行うことができます。

PDFに変換する

① 任意のファイルをPDF形式に変換することができます。
298ページの方法でクイックアクションのメニューを表示し、「ドキュメント」のカテゴリーから「PDFに変換」をクリックします❶。

② PDFに変換したいファイルをアップロードします❷。WordやExcel、PowerPoint、画像ファイルをアップロードすることができます。

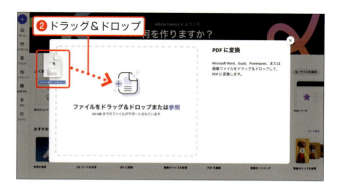

③ PDF変換後のプレビューが作成されるので確認します❸。

左側に表示されるメニューから、任意でテキストやコメント、ハイライトなどを加えることもできます❹。

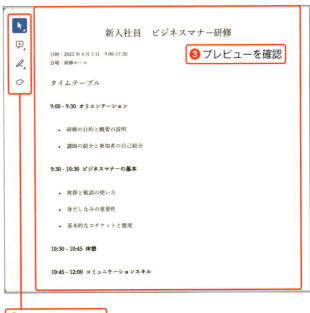

④ 「ダウンロード」をクリックすると❺、ダウンロードフォルダにPDFファイルがダウンロードされます。

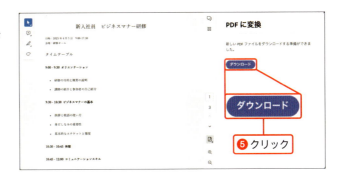

PDFから変換する

① PDFを任意のファイル形式に変換し、編集を行えるようにします。

298ページの方法でクイックアクションのメニューを表示し、「ドキュメント」のカテゴリーから「PDFから変換」をクリックします❶。

② 変換したいPDFをアップロードします。ファイルをドラッグ＆ドロップするか❷、「参照」の文字をクリックしてPDFを選択します。

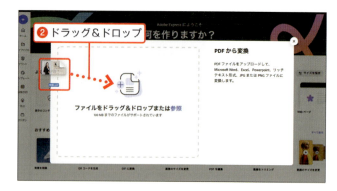

③ PDFを変換したい形式を選択します❸。次の形式が選択可能です。

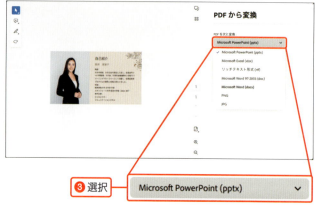

変換可能な形式（かっこ内は拡張子）
PowerPoint (pptx)
Excel (xlsx)
リッチテキスト形式 (rtf)
Word 97-2003 (doc)
Word (docx)
PNG
JPG

④ 「ダウンロード」をクリックすると❹、ダウンロードフォルダに変換されたファイルがダウンロードされます。

PDFを編集する

① PDFのテキストや画像を直接編集します。
298ページの方法でクイックアクションのメニューを表示し、「ドキュメント」のカテゴリーから「PDFを編集」をクリックします❶。

② 編集したいPDFをアップロードします。ファイルをドラッグ＆ドロップするか❷、「参照」の文字をクリックしてPDFを選択します。

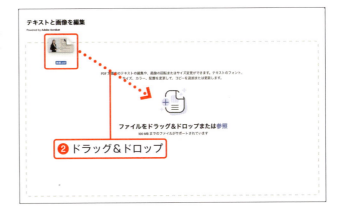

③ アップロードされたPDFが表示されます。PDF内の画像やテキストをクリックすると、カンバス上や編集メニューから編集を行うことができます❸。
次の表に示した操作が可能です。

形式	編集内容
画像	回転、削除、移動、画像の置き換え、サイズ変更、コピー＆ペースト
文字	テキスト編集、削除、移動、フォント変更、色変更、行間／文字幅変更、コピー＆ペースト

④ 編集メニューの「コンテンツの追加」から、新規の画像やテキストを追加できます④。

⑤ 「ダウンロード」をクリックすると⑤、ダウンロードフォルダに編集したPDFファイルがダウンロードされます。

ファイルを結合する

① 複数のPDFファイルを結合できます。298ページの方法でクイックアクションのメニューを表示し、「ドキュメント」のカテゴリーから「ファイルを結合」をクリックします①。

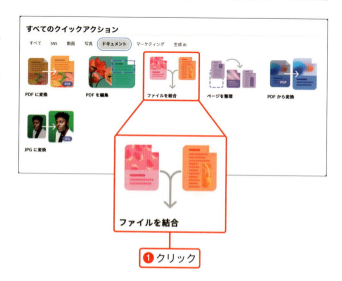

② 表紙にしたい結合したいファイルをアップロードします。PDFだけでなく、WordやExcel、画像なども結合できます。ファイルをドラッグ＆ドロップするか❷、「参照」の文字をクリックしてファイルを選択します。

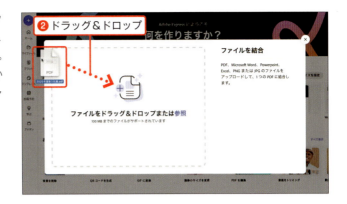

③ 「ファイルを追加」をクリックし、並べたい順に結合するファイルをアップロードしていきます❸。

④ ページを回転させたり、不要なページを削除したりできます。回転や削除したいページをクリックして選択し❹、↺ ↻ や 🗑 をクリックします❺。

⑤ 「ダウンロード」をクリックすると❻、ダウンロードフォルダに結合されたPDFファイルがダウンロードされます。

ページを整理する

① PDFのページの順序を入れ替えたり回転させたりすることができます。298ページの方法でクイックアクションのメニューを表示し、「ドキュメント」のカテゴリーから「ページを整理」をクリックします❶。

② 整理したいPDFをアップロードします。ファイルをドラッグ＆ドロップするか❷、「参照」の文字をクリックしてファイルを選択します。複数のファイルをまとめてアップロードすることもできます。

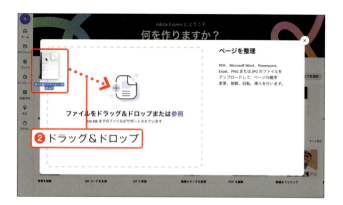

③ アップロードされたPDFが表示されます。ページのサムネイルをドラッグ＆ドロップして、希望の順序に並べ替えます❸。

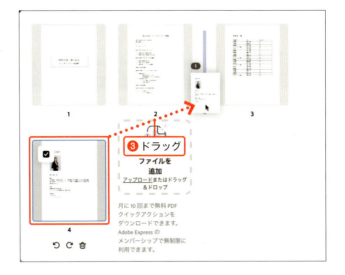

④ ページを回転させたり、不要なページを削除したりもできます。回転や削除したいページをクリックして選択し❹、⤺ ⤻ や 🗑 をクリックします❺。

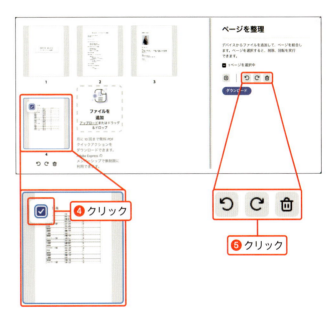

⑤ 「ダウンロード」をクリックすると❻、ダウンロードフォルダにページが整理されたPDFファイルがダウンロードされます。

字幕を自動生成しよう

音声入りの動画に自動で字幕を生成することができます。

BEFORE 音声入りの動画　　AFTER 自動で字幕が作成された

字幕を自動生成する

298ページの方法でクイックアクションのメニューを表示し、「動画」のカテゴリーから「字幕を自動生成」をクリックします❶。

❶クリック

② 字幕を自動生成したい動画をアップロードします。ファイルをドラッグ＆ドロップするか❷、「参照」の文字をクリックして動画を選択します。

③ 自動生成された字幕が表示されます❸。なお、生成にはやや時間がかかります。必要に応じて、字幕のテキストを編集します。誤認識された部分を修正したり、タイミングを調整したりできます❹。次の表にある調整が可能です。

機能	内容
テキストの修正	字幕テキストの誤りを修正します。
タイミングの調整	字幕の表示タイミングを動画に合わせて調整します。
字幕のスタイル設定	字幕のフォント、サイズ、色、位置などをカスタマイズします。字幕が視覚的に読みやすく、動画のスタイルに合うように設定します。

④ 「ダウンロード」をクリックすると❺、MP4形式でダウンロードフォルダにダウンロードされます。

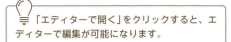

「エディターで開く」をクリックすると、エディターで編集が可能になります。

動画のサイズを変更しよう

動画のアスペクト比／解像度をSNSに合わせて変更できます。

動画のサイズを変更する

① 298ページの方法でクイックアクションのメニューを表示し、「動画」のカテゴリーから「動画のサイズを変更」をクリックします ①。

② サイズを変更したい動画をアップロードします。ファイルをドラッグ＆ドロップするか❷、「参照」の文字をクリックして動画を選択します。

③ 動画がアップロードされたら、「サイズ変更」から、変更するサイズ（アスペクト比）を選択します❸。
プルダウンメニューでSNSの種類を選択すると、各SNSに適した解像度／アスペクト比の一覧が表示されるので、変更したいサイズを選択してクリックします❹。

④ 動画は、デフォルトではワークスペースいっぱいに配置されます。
「動画のスケール」のスライダを左右に動かすことで画面に配置するサイズを変更できます❺。なお、動画のフレーム外は黒い背景で表示されます。

💡 音声を削除したい場合、「ミュート」をクリックします。

⑤ 「ダウンロード」をクリックすると❻、MP4形式でダウンロードフォルダにダウンロードされます。

動画をトリミングしよう

動画の前後の不要な部分をカットすることができます。

動画をトリミングする

1. 298ページの方法でクイックアクションのメニューを表示し、「動画」のカテゴリーから「動画をトリミング」をクリックします❶。

2. トリミングしたい動画をアップロードします。ファイルをドラッグ＆ドロップするか❷、「参照」の文字をクリックして動画を選択します。

③ 動画がアップロードされると、プレビューウィンドウが表示されます。タイムラインの左右端部をドラッグして、トリミングしたい開始点と終了点を設定します❸。

💡 右側のウインドウの「開始位置」「終了位置」に時間を直接入力して調整することもできます。

④ プレビュー画面の右側にあるパネルの「サイズ」でアスペクト比を設定できます。動画自体はトリミングされずに短辺に合わせる形で配置され、枠外は黒塗りとなります❹。
音声を削除したい場合、「ミュート」をクリックします❺。

⑤ 「ダウンロード」をクリックすると❻、MP4形式でダウンロードフォルダにダウンロードされます。

💡 「エディターで開く」をクリックすると、エディターで編集が可能になります。

Section 11

動画を結合しよう

複数の動画をつなげて1本の動画にできます。

動画を結合する

① 298ページの方法でクイックアクションのメニューを表示し、「動画」のカテゴリーから「動画を結合」オプションをクリックします❶。

② 結合したい動画をアップロードします。結合したい複数の動画をドラッグ＆ドロップするか❷、「参照」の文字をクリックして動画を選択します。

③ タイムライン上にアップロードした動画が並びます。タイムライン上で動画クリップをドラッグして、希望する順序に並べ替えます❸。
プレビューの右側のパネルの「サイズ」で画面のアスペクト比を設定したり❹、「ミュート」をクリックして全体の音を削除したりすることもできます❺。

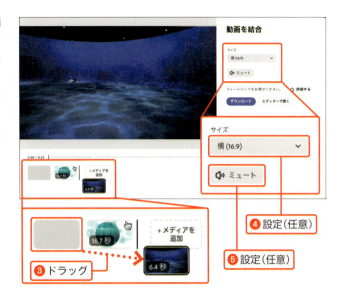

④ 動画クリップごとに微調整を行うことができます。タイムライン上で編集を行いたい動画をクリックし❻、画面下の「トリミング」をクリックすると❼、各クリップの編集画面でトリミングを行うことができます（155ページ）。

⑤ 「ダウンロード」をクリックすると❽、MP4形式でダウンロードフォルダにダウンロードされます。

Section 12 動画を切り抜こう

任意のアスペクト比で動画をトリミングすることができます。

BEFORE 16:9の動画　AFTER 正方形(1:1)にサイズがトリミングされた

動画を切り抜く

1. 298ページの方法でクイックアクションのメニューを表示し、「動画」のカテゴリーから「動画を切り抜く」をクリックします❶。

❶クリック

動画を切り抜く

② 切り抜きたい動画をアップロードします。ファイルをドラッグ＆ドロップするか❷、「参照」の文字をクリックして動画を選択します。

③ 動画がアップロードされたら、プレビューウィンドウが表示されます。
画面右側のパネルの「縦横比」で切り抜きたい比率を選択します❸。
「自由形式」を選択すると、任意のアスペクト比での切り抜きが可能です。

④ 切り抜きたいエリアを指定します。画面上の切り抜きツールを使用して、必要な部分を選択します。
エリアの中央部をドラッグすることで位置を調整し❹、四隅をドラッグして切り抜くサイズを指定することができます❺。
「ダウンロード」をクリックすると❻、MP4形式でダウンロードフォルダにダウンロードされます。

Section 13

画像や動画のフォーマットを変換しよう

JPGやPNG、SVGの画像フォーマットを変換したり、
MOVの動画フォーマットをMP4に変換したりできます。目的に合わせた形式に変換しましょう。

クイックアクションと変換可能なフォーマット

それぞれのクイックアクションに対して、次の形式のフォーマットを変換できます。

クイックアクション	変換可能なフォーマット	変換後のフォーマット
JPGに変換	PNG	JPG
PNGに変換	JPG	PNG
SVGに変換	JPG、PNG	SVG
MP4に変換	MOV	MP4

画像や動画のフォーマットを変更しよう

今回は動画のフォーマット変換を例に挙げて解説します。
298ページの方法でクイックアクションのメニューを表示し、「動画」のカテゴリーから「MP4に変換」をクリックします❶。

❶クリック

② MP4形式に変換したいMOV形式の動画をアップロードします。ファイルをドラッグ&ドロップするか②、「参照」の文字をクリックして動画を選択します。

③ 動画がアップロードされ、タイムラインが表示されます。必要に応じて動画のトリミングを行います③。「ミュート」をクリックすると、音声を削除することができます④。

④ 「ダウンロード」をクリックすると⑤、ダウンロードフォルダにMP4形式に変更された動画が保存されます。

Section 14

QRコードを生成しよう

URLからQRコードを生成してみましょう。

QRコードを生成する

① 298ページの方法でクイックアクションのメニューを表示し、「マーケティング」のカテゴリーから「QRコードを生成」をクリックします❶。

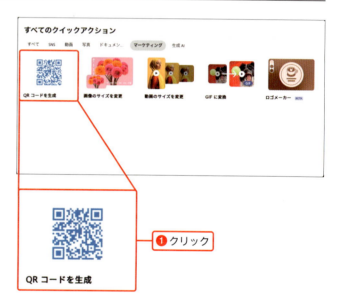

② 「リンク」タブのテキストボックスにQRコードを生成したいURLを入力し❷、Enterキーを押します。

③ 生成したQRコードのデザインをカスタマイズします。「スタイル」や「カラー」のタブをクリックし❸、ブランドに合ったデザインを作成します❹。
次の調整が可能です。

タブ	調整内容
スタイル	ドット、マーカー（枠）、マーカーのデザインを変更できます。
カラー	QRコードの黒塗り部分の色を変更できます。

④ 「ファイル形式」のタブをクリックし❺、ダウンロードするファイル形式を、PNGないしJPG、SVGから選択します❻。

⑤ 「ダウンロード」をクリックします❼。ダウンロードフォルダに指定した形式のQRコードが保存されます。

索引

アルファベット

Adobe Express	14
Adobe Premiere Pro	165
Adobe Stock	43
Adobeアカウント	16
AI	132
BGMの設定	168
Facebook	258
Instagram	208
Instagramカルーセル用の画像の作成	214
Instagramストーリーズ用の画像／動画の作成	236
Instagramとの連携	222
Instagramのプロフィール画像の作成	232
Instagramフィード投稿の作成	210
Instagramへの投稿	220、230
Instagramリール用の動画の作成	240
JPG	50
LINE	266
PDF	50、312
PDFの編集	315
PDFファイルの結合	316
PDFへの変換	312
PNG	50
QRコードの生成	332
SNS	244
TikTok	246
X	250
YouTube	182
YouTubeショート動画の作成	194
YouTube動画の作成	184
YouTube動画の投稿	192
YouTubeのサムネイルの作成	188
YouTube用のバナーの作成	196
YouTube用のプロフィール画像の作成	202

ア行

アニメーション	112、146
印刷物	276
オブジェクトの回転	37
オブジェクトのグループ化	72
オブジェクトのサイズの変更	36
オブジェクトの削除	38
オブジェクトの整列	68
オブジェクトの配置／移動	32
オブジェクトの複製	39
音量の調整	172

カ行

箇条書きリストの作成	91
画像	116
画像サイズの変更	300
画像の切り抜き	128
画像の生成	132、308
画像の取り込み	118
画像のトリミング	302
画像の背景の削除	130
カンバス	22、24
行間の変更	93
行揃えの変更	92
クイックアクション	296
クラウドストレージ	52
グリッド	138
グループ化	55、70

サ行

再生速度の変更	160
色調の変更	120
色調補正・ぼかし	122
字幕の自動生成	320
スマートフォン	20
生成AI	308
操作の取り消し／やり直し	34
素材	49、136

タ行

タイムライン	150、154、165

ダウンロード	50	ホーム画面	30
チラシの作成	278	ポスターの作成	278
テキスト	80		
テキストテンプレート	108	**マ行**	
テキストの装飾	46	名刺の作成	286
テキストの入力	45	文字間隔の変更	93
テキストレイアウト	95	文字サイズの変更	84
テクスチャの生成	310	文字色の変更	96
デザイン素材	136	文字書式の設定	88
テンプレート	12、108、142、178	文字にテクスチャの設定	100
動画サイズの変更	322	文字の影(シャドウ)の設定	104
動画の書き出し	176	文字の入力	45、82、162
動画の切り抜き	158、328	文字の不透明度の変更	97
動画の結合	326	文字の変形	94
動画の色調補正	174	文字の輪郭	98
動画の取り込み	152	文字フレームの設定	106
動画のトリミング	155、324		
ドキュメントサイズの変更	288	**ラ行**	
		レイヤー	54、56、150
ナ・ハ行		レイヤースタック	57、62
ナレーション	168	レイヤーの削除	60
背景色の変更	41、77	レイヤーの順序	64
背景の削除	298	レイヤーの選択	59
背景レイヤー	76	レイヤーの表示/非表示	62
配色の設定	40、74	レイヤーの複製	61
番号付きリストの作成	90	レイヤーのロック	66
パンフレットの作成	280	レイヤーを重ねる	58
描画モードの変更	125	ログイン/ログアウト	12、18
表示タイミングの変更	166	ロゴの作成	304
ファイル	22		
ファイルの作成	24		
フィルター効果の適用	126		
フォーマットの変換	330		
フォルダー	27		
フォントの変更	86		
不透明度の変更	124		
プレゼンテーションの作成	282		
プレゼンテーションの実行	285		
編集画面	31		

お問い合わせについて

本書に関するご質問については、本書に記載されている内容に関するもののみとさせていただきます。本書の内容と関係のないご質問につきましては、一切お答えできませんので、あらかじめご了承ください。また、電話でのご質問は受け付けておりませんので、必ずFAXか書面にて下記までお送りください。

なお、ご質問の際には、必ず以下の項目を明記していただきますようお願いいたします。

1 お名前
2 返信先の住所またはFAX番号
3 書名（Adobe Expressスタートブック　無料で使えるデザインツール）
4 本書の該当ページ
5 ご使用のOSとソフトウェアのバージョン
6 ご質問内容

なお、お送りいただいたご質問には、できる限り迅速にお答えできるよう努力いたしておりますが、場合によってはお答えするまでに時間がかかることがあります。また、回答の期日をご指定なさっても、ご希望にお応えできるとは限りません。あらかじめご了承くださいますよう、お願いいたします。

問い合わせ先

〒162-0846
東京都新宿区市谷左内町21-13
株式会社技術評論社　書籍編集部
「Adobe Expressスタートブック　無料で使えるデザインツール」質問係
FAX番号　03-3513-6167

https://book.gihyo.jp/116

お問い合わせの例

FAX

1 お名前
　技術　太郎
2 返信先の住所またはFAX番号
　03-XXXX-XXXX
3 書名
　Adobe Expressスタートブック
　無料で使えるデザインツール
4 本書の該当ページ
　332ページ
5 ご使用のOSとソフトウェアのバージョン
　Windows 11 Home
6 ご質問内容
　QRコードが生成されない

※ご質問の際に記載いただきました個人情報は、回答後速やかに破棄させていただきます。

Adobe Expressスタートブック
無料で使えるデザインツール

2024年11月13日　初版　第1刷発行

著　者●ぷらいまり。
発行者●片岡　巌
発行所●株式会社　技術評論社
　　　　東京都新宿区市谷左内町21-13
　　　　電話　03-3513-6150　販売促進部
　　　　　　　03-3513-6160　書籍編集部
装丁●クオルデザイン　坂本真一郎
本文デザイン●リブロワークス・デザイン室
DTP●SeaGrape
編集●土井清志
製本／印刷●株式会社シナノ

定価はカバーに表示してあります。
落丁・乱丁がございましたら、弊社販売促進部までお送りください。交換いたします。
本書の一部または全部を著作権法の定める範囲を超え、無断で複写、複製、転載、テープ化、ファイルに落とすことを禁じます。

©2024　ぷらいまり。
ISBN978-4-297-14496-8　C3055

Printed in Japan

■著者紹介

ぷらいまり。

化学メーカーに勤務する傍ら、noteでの情報発信をきっかけにアートライターとしての活動を開始。アート系／カルチャー系のwebメディアを中心に、取材レポートやインタビュー、解説などを手掛けている。趣味は写真撮影で、web記事では撮影も担当。Adobeのソフトウェアを活用した簡単な画像や動画の編集も行い、日常的にSNSやプロモーションに活用している。

●note ID
https://note.com/plastic_girl/

●X
@plastic_candy

●著作
「はじめる・楽しむ・発信する　noteのガイドブック」
（技術評論社）